密码算法智能感知解析技术

张中亚　著

中国原子能出版社

图书在版编目（CIP）数据

密码算法智能感知解析技术 / 张中亚著. -- 北京 : 中国原子能出版社, 2024. 12. -- ISBN 978-7-5221-3986-9

Ⅰ. TN918.1-39

中国国家版本馆 CIP 数据核字第 2024HP9773 号

内 容 简 介

本书以密码学与人工智能的迅速发展为背景，聚焦密码算法发布方式的不确定性和设计方法的多元性等问题，系统地介绍密码算法智能感知解析技术，包括基于 Selenium 的密码文献数据采集检索技术、基于 BERT 的密码文献分类技术、基于 BERT 的密码文献关键信息提取技术、基于 LSTM 的密码算法规范化表示技术、基于 Graphviz 的密码算法流程可视化技术，以及相关系统的研发和实现。

本书可以作为密码学专业和网络空间安全专业高年级本科生和研究生的选修课教材，也可以作为从事密码理论和方法研究、人工智能技术应用研究的科技人员的参考书。

密码算法智能感知解析技术

出版发行　中国原子能出版社（北京市海淀区阜成路 43 号　100048）
责任编辑　张　磊
责任印制　赵　明
印　　刷　北京厚诚则铭印刷科技有限公司
经　　销　全国新华书店
开　　本　787 mm×1092 mm　1/16
印　　张　14.75
字　　数　220 千字
版　　次　2024 年 12 月第 1 版　2024 年 12 月第 1 次印刷
书　　号　ISBN 978-7-5221-3986-9　　　定　价　**78.00 元**

前　言

密码学是研究如何在敌手存在的环境中保护通信及信息安全的科学，是保障网络与信息安全最有效、最可靠、最经济的关键核心技术。作为一门科学，密码学集数学、信息科学、计算机科学和物理学等于一体进行深度交叉，可以深度融合 5G、区块链、人工智能、卫星通信等技术，成为保障信息和网络安全的基石。人工智能是利用计算机、数据以及机器模拟人类思维解决问题和决策的科学。人工智能的研究领域涵盖了机器学习、深度学习、自然语言处理、计算机视觉等多个方面，密码学与人工智能在信息安全领域有着密切的联系。随着人工智能技术的不断发展，二者之间的相互作用和影响也越来越深刻。

在密码学研究系统和平台的建设上，国内相关科研院所和产业机构，如中国科学院软件研究所、中国科学院信息工程研究所、北京理工大学、山东大学、北京数缘科技、深圳纽创信安等均提出了一些建设思路和方法，并开展了相关理论研究和系统建设，进行了相应的产业化应用。同时，借助人工智能技术在近年来的快速发展，密码学的研究也相应进入了智能化阶段，利用人工智能和机器学习技术的密码学智能化研究技术和智能化分析系统的构建也开始进入人们的视野。

随着密码学和人工智能学科的进一步发展和应用，可以预见未来将有更多相关信息系统出现。包括密码科研系统、密码教学系统、密码仿真系统、工业密码管理系统、物联网密码管理系统等。此类系统的出现将进一步提高密码学的科研教学水平，扩大密码学的应用范围，增强密码产业化能力，进一步推动密码学的研究发展和相关产业的示范应用。同时，可以预见更多的研究者将人工智能技术应用于密码学中，以解决现有的问题和挑战。例如，将人工智能技术应用于密码研究、密码分析、密码算法的设计和评估等方面。

本书聚焦密码算法发布方式的不确定性和设计方法的多元性等问题，建立集密码算法分析、设计、教学、科研与人工智能相结合和关联的体系架构和技术体系，研究基于人工智能的密码算法智能感知解析技术，研发搭建智能网络感知和结构解析系统平台，为构建“开放、安全、智能”的数据和网络基础设施提供底层密码技术参考，为相关密码教学、科研信息系统的研发和产业化提供技术支撑。

全书共用 7 个章节分别介绍相关研究背景、产业政策、研究内容和具体技术。其中，第 1 章简要介绍相关研究背景政策和研究现状；第 2 章详细讲述本书的研究内容、方法和研究框架；第 3 章具体介绍基于 Selenium 的密码文献数据采集检索技术；第 4 章具体介绍基于 BERT 的密码文献分类技术；第 5 章具体介绍基于 BERT 的密码文献关键信息提取技术；第 6 章具体介绍基于 LSTM 的密码算法规范化表示技术；第 7 章最后介绍基于 Graphviz 的加密算法流程可视化技术。

全书的编写工作得到了河南科技大学信息工程学院河南省网络空间安全应用国际联合实验室、河南省智能制造大数据发展创新实验室全体师生的积极配合，特别是密码算法分析小组的高圆硕士、田嘉琪硕士和张建兵、吴嘉琪、方梓健、涂明瑞、杨超冉等优秀本科生给予了全力协作和密切配合，在此一并对他们表示衷心的感谢！

本书的出版得到了河南省重点研发与推广专项（No.232102211060）、河南省科技研发计划联合基金（No.232103810042）、河南科技大学博士科研启动基金的资助。在此也一并表示感谢！

限于作者的水平和相关学科的迅速发展，书中难免存在不妥之处，恳请读者批评指正。

目　录

第 1 章　绪论……1

1.1　相关政策……2

1.2　国内外研究现状及趋势分析……8

1.3　对经济社会的影响带动作用……16

1.4　全书组织结构……18

第 2 章　研究内容与方法……19

2.1　研究内容……19

2.2　研究方法……24

2.3　可行性与先进性……31

第 3 章　基于 Selenium 的密码文献数据采集检索技术……43

3.1　研究背景和意义……45

3.2　基本理论与技术……47

3.3　系统分析……50

3.4　系统设计……55

3.5　系统实现……61

3.6 系统测试 …… 70
3.7 本章小结 …… 74

第 4 章 基于 BERT 的密码文献智能分类技术 …… 75
4.1 研究背景和意义 …… 77
4.2 相关理论 …… 79
4.3 数据采集与处理 …… 85
4.4 基于 BERT 的算法模型部署与训练 …… 89
4.5 系统设计与实现 …… 95
4.6 本章小结 …… 103

第 5 章 基于 BERT 的密码文献关键信息智能提取技术 …… 105
5.1 研究背景和意义 …… 106
5.2 相关理论 …… 109
5.3 数据收集与处理 …… 115
5.4 BERT 的训练与评估 …… 120
5.5 系统设计与实现 …… 130
5.6 本章小结 …… 139

第 6 章 基于 LSTM 的密码算法智能规范化表示技术 …… 140
6.1 研究背景和意义 …… 142
6.2 密码算法相关理论 …… 144
6.3 深度学习相关原理 …… 151
6.4 数据采集与处理 …… 159
6.5 模型部署与训练 …… 161
6.6 系统设计与实现 …… 167
6.7 本章小结 …… 177

第 7 章　基于 Graphviz 的加密算法流程可视化技术 ……179

7.1　研究背景与意义 ……180

7.2　密码算法可视化技术相关理论 ……183

7.3　关键技术 ……186

7.4　系统分析和设计 ……188

7.5　系统实现 ……196

7.6　系统测试 ……207

7.7　本章小结 ……212

参考文献 ……213

第1章 绪 论

随着人工智能、大数据、物联网以及 5G 技术的突破性发展和互联网的迅速普及，万物互联已经成为现代信息化社会发展的必然趋势，但随之而来的安全通信和数据安全问题亟待解决。作为信息安全的重要手段和方法，密码学一直受到国内外研究人员的关注。密码学是研究如何在敌手存在的环境中保护通信及信息安全的科学，能够有效地保护网络空间和信息系统的资源免受各种干扰和破坏，是保障网络与信息安全最有效、最可靠、最经济的关键核心技术。密码学作为一门科学，集数学、信息科学、计算机科学和物理学等于一体进行深度交叉，可以深度融合 5G、区块链、人工智能、卫星通信等技术，为网络安全保驾护航，成为保障各类信息和网络安全的基石。

人工智能是利用计算机、数据以及机器模拟人类思维的解决问题能力和决策能力的科学。人工智能的研究领域涵盖了机器学习、深度学习、自然语言处理、计算机视觉等多个方面，密码学与人工智能在信息安全领域有着密切的联系。随着人工智能技术的不断发展，二者之间的相互作用和影响也越来越深刻。例如，人工智能可以利用密码学技术来保护数据和模型的安全性，同时也可以通过分析数据来提高密码学的研究和设计水平。密码学与人工智能两类学科相互促进、共同发展，随着技术的不断进步和应用场景的不断拓展，二者的联系将会更加紧密，为生产生活带来更多的便利和创新。

密码是国家网络信息安全中最基础、最核心的保障，也是维护国家安全和网络主权的“命门”和“命脉”。2020 年我国开始实施《中华人民共和国密码法》，其颁布极大地推动了我国密码事业的发展。目前，随着计算能力的提高以及量子计算机的出现，基于计算困难性理论的传统密码算法解译的时间成本变低。加之人工智能技术的飞速发展，国内外研究人员开始将机器学习等人工智能的技术和方法引入到传统密码算法的研究中，并取得了一系列成果，逐步形成了智能密码学的相关模型、技术及方法，密码学的发展开始步入新阶段。

2023 年 11 月 8 日，习近平总书记向 2023 年世界互联网大会乌镇峰会开幕式发表视频致辞强调，“我们要深化交流、务实合作，共同推动构建网络空间命运共同体迈向新阶段”，倡导发展优先、安危与共、文明互鉴，提出构建更加普惠繁荣、和平安全、平等包容的网络空间的三点主张，为各国携手构建网络空间命运共同体注入强大正能量。习近平总书记的致辞讲话将起到引领作用，带动我国网络空间安全和密码学的研究和发展都将进入快速发展的阶段。

1.1 相关政策

1.1.1 密码学相关政策

党的十八大以来，以习近平同志为核心的党中央高度重视网络安全和密码工作。习近平总书记多次发表重要讲话、作出重要指示批示，从党和国家事业发展全局的高度对网络安全工作作出一系列新部署新要求。2014 年 4 月，习近平总书记在中央国家安全委员会第一次全体会议上，创造性提出总体国家安全观，强调指出，“要准确把握国家安全形势变化新特点新趋势，坚持总体国家安全观，走出一条中国特色国家安全道路”。2018 年 4 月，习近平总书记在全国网络安全和信息化工作会议上强调，“没有网络安全就没有国家安全”，将网络安全上升至国家安全的战略高度。2019 年 9 月，习近平总书记对网络安全工作作出“四个坚持”重要指示，“要坚持网络安全为人民、网络安全靠人民；要坚持网络安全教育、技术、产业融合发展，形成人才培养、技术创新、产业发展的良性生态；要坚持促进发展和依法管理相统一，既大力培育人工智能、物联网、下一代通信网络等新技术新应用，又积极利用法律法规和标准规范引导新技术应用；要坚持安全可控和开放创新并重，立足于开放环境维护网络安全。”

在习近平总书记的指引和领导下，党和中央高度重视网络安全和密码工作。2017 年 6 月 1 日，《中华人民共和国网络安全法》正式施行，之后，相继颁布《中华人民共和国密码法》《中华人民共和国数据安全法》《中华人民共和国个人信息保护法》《关键信息基础设施安全保护条例》等法律法规，出台《网络安全审查办法》《云计算服务安全评估办法》等政策文件，发布《关于加强国家网络安全标准化工作的若干意见》，制定发布 300 余项网络安全领域国家标准，网络安全法律体系建设日趋完善。2021 年 3 月，《中华人民共和国国民经济和社会发展第十四个五年规划和 2035 年远景目标纲要》发布，明确提出，要把安全发展贯穿国家发展的各领域和全过程，要加强重要领域数据资源、重要网络和信息系统安全保障，要建立健全关键信息基础设施保护体系。党和国家领导人的重要指示批示精神，以及各级各类机关颁布的法律法规、政策文件，为网络空间安全和密码学的发展指引了研究方向、提供了研究动力，为密码算法在各类信息系统的研究和应用提供了基本遵循和指南。

在密码学与前沿技术交叉学科发展上，党和中央也作出系列指示，发布系列支持性政策。中共中央政治局第二十四次集体学习中，习近平总书记作出“把握量子科技大趋势，下好先手棋”系列重要指示，为加快促进我国量子信息技术领域发展提供了战略指引和根本遵循。《中华人民共和国国民经济和社会发展第十四个五年规划和 2035 年远景目标纲要》明确提出，聚焦量子信息等重大创新领域组建一批国家实验室；瞄准量子信息等前沿领域，实施一批具有前瞻性、战略性的国家重大科技项目；在量子信息等前沿科技和产业变革领域，组织实施未来产业孵化与加速计划，谋划布局一批未来产业；加快布局量子计算、量子通信等前沿技术，加强基础学科交叉创新；深化军民科技协同创新，加强量子科技等领域军民统筹发展。

中共中央办公厅、国务院办公厅《金融和重要领域密码应用与创新发展工作规划（2018—2022年）》明确，要大力推动密码科技创新；加强密码基础理论、关键技术和应用研究，促进密码与量子技术、云计算、大数据、物联网、人工智能、区块链等新兴技术融合创新。中央网络安全和信息化委员会《“十四五”国家信息化规划》要求，要超前布局量子通信，量子计算、量子传感技术研究，推动量子计算应用探索与产业生态体系建设，探索构建量子信息网络技术与标准体系。到2023年，人工智能、区块链、量子信息等前沿数字技术研发取得明显进展，在若干行业落地一批融合应用示范。科技部《关于科技创新支撑复工复产和经济平稳运行的若干措施》提出，要大力推动关键核心技术攻关，加大5G、人工智能、量子通信等重大科技项目的实施和支持力度，突破关键核心技术，促进科技成果的转化应用和产业化，培育一批创新型企业和高科技产业，增强经济发展新动能。

另外，在物联网安全发展的具体指导上，《国务院关于推进物联网有序健康发展的指导意见》指出，要提高物联网信息安全管理与数据保护水平，加强信息安全技术的研发，有效保障物联网信息采集、传输、处理、应用等各环节的安全可控。涉及国家公共安全和基础设施的重要物联网应用，其系统解决方案、核心设备以及运营服务必须立足于安全可控。中央网络安全和信息化委员会办公室、工业和信息化部、科学技术部等八部门联合下发的《物联网新型基础设施建设三年行动计划（2021—2023年）》中明确，要构建一套健全完善的物联网标准和安全保障体系；要加快围绕感知、接入、传输、数据、应用等安全技术的研究；要加快物联网安全监测、预警分析和应对处置技术手段建设，提升感知终端、网络、数据及系统的安全保障水平；要加快物联网领域商用密码技术和产品的应用推广，建设面向物联网领域的密码应用检测平台，提升物联网领域商用密码安全性和应用水平。

除此之外，教育、公安、住建、交通、水利、卫生计生、工商、能源等领域国家主管部门，均制定了本领域密码应用总体规划或工作方案，明确要求使用符合国家密码法律法规和标准规范的密码算法和密码产品，实现密码在本领域的全面应用。《工业互联网密码支撑标准体系建设指南》明确了工业互联网密码支撑标准体系建设思路及目标，提出密码应用共性、设备密码应用、控制系统密码应用、网络密码应用、边缘计算密码应用、平台密码应用、数据密码应用、密码行业应用、密码应用管理与支撑等九个方面的标准建设内容。《车联网（智能网联汽车）密码支撑标准体系建设指南》从基础共性、智能网联汽车、信息通信、服务与平台、智能交通、密码应用管理与支撑等六个方面构建车联网密码应用标准体系。《新型智慧城市评价指标》（GB/T 33356—2022），明确密码应用与数据安全作为智慧城市重点建设内容，密码技术成为客观指标体系的核心指标参数，指导智慧城市建设。《射频识别标签模块密码检测准则》（GM/T 0040—2015）、《射频识别系统密码应用技术要求》（GM/T 0035—2014）等标准对物联网平台中广泛使用的 RFID 系列产品的密码算法使用进行了标准的规范。

在国家战略项目研究层面，国家重点基础研究发展计划（“973 计划”）针对密码学和信息安全领域的重大科学问题，设立了多个课题，如“现代密码学中若干关键数学问题研究及其应用”“信息安全中关键芯片集成及其基础研究”等相关项目。国家高科技发展计划（“863 计划”）“密码算法标准研究及其芯片集成”“分布式计算的安全模型及关键技术研究”等相关项目。国家重点研发计划“区块链生态安全监管关键技术研究”“网络空间安全治理重点专项”“行业重要数据识别与监管技术研究”等相关项目。

随着密码与相关科学技术的不断进步和应用场景的不断扩展，密码学将在未来发挥更加重要的作用。我国在密码学研究、政策制定和商业应用方面也取得了重要进展，为保障国家安全和促进经济发展做出了积极贡献。

1.1.2 人工智能相关政策

人工智能产业为中国经济发展提供战略新动能，是引领中国经济发展的重要战略抓手。2018 年 9 月 17 日，习近平总书记在致 2018 世界人工智能大会的贺信中指出，“新一代人工智能正在全球范围内蓬勃兴起，为经济社会发展注入了新动能，正在深刻改变人们的生产生活方式”。习近平总书记强调，“中国正致力于实现高质量发展，人工智能的发展应用将有力提高经济社会发展智能化水平，有效增强公共服务和城市管理能力”。习近平总书记的重要论述，为人工智能产业实现高质量发展，更好地服务于人民的美好生活指明了方向。

习近平总书记在十九届中央政治局第九次集体学习时的讲话中指出，“人工智能是引领这一轮科技革命和产业变革的战略性技术，是新一轮科技革命和产业变革的重要驱动力量，具有溢出带动性很强的‘头雁’效应”。加快发展新一代人工智能不仅“事关我国能否抓住新一轮科技革命和产业变革机遇的战略问题”，而且是“我们赢得全球科技竞争主动权的重要战略抓手”，更是“推动我国科技跨越发展、产业优化升级、生产力整体跃升的重要战略资源”。在推动经济高质量发展的过程中，人工智能产业的高质量，可以为中国经济发展添薪续力。

另外，我国政府和行业在人工智能产业政策方面给予了大力支持和推动，近年来，国家陆续出台了多项政策，鼓励人工智能行业的发展与创新。党的十八大以来，国家出台一系列政策措施，为人工智能发展提供指引。2015 年 5 月，国务院印发《中国制造 2025》，部署全面推进实施制造强国战略。在这个规划中，“智能制造”被定位为中国制造的主攻方向。2015 年 7 月，国务院印发《“互联网 + ”行动指导意见》，明确人工智能为形成新产业模式的 11 个重点发展领域之一，将发展人工智能提升到国家战略层面。

2016 年 3 月，《中华人民共和国国民经济和社会发展第十三个五年规划纲要》将“脑科学与类脑研究”“大力发展工业机器人、服务机器人、手术机器人和军用机器人，推动人工智能技术在各领域商用”“推动驾驶自动化、设施数字化和运行智慧化”等内容，列入国家未来几年的重要发展战略。2016年4月，工信部、国家发展改革委、财政部联合发布《机器人产业发展规划（2016—2020年）》，机器人产业发展要推进重大标志性产品率先突破。

2017年7月，国务院印发了《新一代人工智能发展规划》，该规划提出了建设人工智能示范应用场景、加快场景创新以促进经济高质量发展等目标。2017年12月，《促进新一代人工智能产业发展三年行动计划（2018—2020年）》的发布，它作为对7月发布的《新一代人工智能发展规划》的补充，详细规划了人工智能在未来三年的重点发展方向和目标，每个方向的目标都进行了细致的量化。2017年的《政府工作报告》提出，要把发展智能制造作为主攻方向，推进国家智能制造示范区建设。2019年，科技部印发《国家新一代人工智能开放创新平台建设工作指引》，进一步推进国家新一代人工智能开放创新平台建设。2022年，科技部发布《科技部关于支持建设新一代人工智能示范应用场景的通知》，明确首批10个新一代人工智能示范应用场景。

另外，国家出台了一系列政策解决智能技术运用过程中出现的问题。2013年，工业和信息化部（简称“工信部”）出台《工业和信息化部关于加强移动智能终端进网管理的通知》，要求申请进网许可的移动终端应通过专业机构检测，符合通信行业标准有关移动智能终端的基本要求，且生产企业不得预置包含收集、修改用户个人信息等功能的应用软件。通过规范经营者应用软件安全审查，用户信息安全保障水平大大提高。2018年，工信部、公安部、交通运输部三部委联合发布的《智能网联汽车道路测试管理规范（试行）》，开始明确自动驾驶车辆交通违法和事故处理的规范。2019年，国家新一代人工智能治理专业委员会发布《新一代人工智能治理原则—发展负责任的人工智能》，明确了人工智能和谐友好、安全可控、开放协作等8条原则。2020年，教育部公布《2019年度普通高等学校本科专业备案和审批结果》，人工智能作为高校本科专业审批通过，属工学学科。在国家政策指引下，一批人工智能平台和试验区开始建设，丰富且不断完善的应用场景成为我国发展人工智能的重要优势，技术应用中发现的问题逐步得到解决，体现出我国在人工智能治理领域负责任的价值导向。

此外，国家还出台了一系列产业政策，为人工智能发展提供了长期保障。例如，《关于支持建设新一代人工智能示范应用场景的通知》《关于加快场景创新以人工智能高水平应用促进经济高质量发展的指导意见》《新型数据中心发展三年行动计划（2021—2023 年）》等政策文件，都为人工智能行业的发展提供了指导和支持。工业和信息化部印发《“5G+工业互联网”典型应用场景和重点行业实践的通知》。国家发展改革委等六部门联合印发通知——鼓励运用互联网、大数据、云计算、人工智能等技术手段，促进企业研发设计、生产制造、经营管理、销售服务等全价值链协同转型。中国科协发布 2022 年度“科创中国”系列榜单，首次设立了“青年科技领军人才”榜单，旨在发现培育各领域新生代科技创新力量，为我国深入实施创新驱动发展战略提供人才保障。工业和信息化部印发《“十四五”软件和信息技术服务业发展规划》的通知，通知指出，要推动人工智能产业发展，培育优质企业，构建大中小企业融通发展生态。

总的来说，我国在人工智能产业政策方面已经有了较为全面的布局和规划，这些政策的出台和实施，为我国人工智能产业的发展提供了有力的保障和推动，同时，也表明了我国在人工智能领域的重视和发展决心。未来将继续加大对人工智能产业的支持和引导，推动我国成为全球人工智能领域的领先者。

1.2 国内外研究现状及趋势分析

1.2.1 密码研究系统相关现状

在密码研究系统和平台的建设上，国内相关科研院所和产业机构提出了一些建设思路和方法，并开展了相关理论研究和系统建设，进行了相应的产业化应用，其中较为成功和知名的有中国科学院软件研究所、中国科学院信息工程研究所、山东大学、北京理工大学、西安电子科技大学、北京数缘科技有限公司、深圳市纽创信安科技开发有限公司等单位和企业机构。

中国科学院软件研究所在密码研究相关系统的建设中取得了一系列的成果，面对国内在检测评估原理与核心技术尚不丰富完善的现实，研究面向研制密码算法基础性核心分析检测工具的技术需求，吴文玲研究员团队完成了一套具有自主知识产权的密码算法检测分析基础平台。该平台主要功能模块由算法检测、自动攻击与分析、辅助设计、算法评估、系统管理等部分组成。为构建安全信息体系，以及密码算法与密码产品测评的合理化、规范化提供重要的共性技术支撑。之后，吴文玲研究员团队又研制成功了TCA-CryptAna2.0 型密码算法自动分析平台，支持对主流对称密码算法的自动分析，包括差分攻击、线性攻击、不可能差分攻击、积分攻击、中间相遇攻击、立方攻击等攻击方法的自动化分析。

中国科学院信息工程研究所第三研究室/DCS 中心结合近年来国内外学者在自动化密码分析方面的最新进展，开发了一个自动化密码分析软件框架。目前，该软件框架支持大多数对称密码分析的已知方法，包括单密钥及相关密码差分分析、单密钥及相关密钥不可能差分分析、线性分析及零相关线性分析、基于可分性质的积分分析、Demirci-Selcuk 中间相遇分析等。使用该框架进行对称密码分析时，通常只需在该框架内对目标算法的部件和组装方式进行描述，便可以自动化生成相应的分析模型，从而自动化跟踪和分析密码算法中各种安全相关特征的传播方式。该软件框架，已在军队、国家密码管理部门和航天等相关单位的算法设计与分析任务中得到了关键应用，为密码算法的设计与分析工作提供了有效支撑。

山东大学网络空间安全学院研发设计了基于 SAT 的对称密码自动化分析平台可视化方法及系统，该平台集成了分组密码常见的攻击类型，包括差分攻击、线性攻击、零相关攻击、不可能差分攻击、积分攻击、相关密钥攻击，并且提供了不同的攻击模式。该可视化方法包括处理基于SAT的对称密码自动化分析平台的中间文件，提取变量及变量值；逐层逐行按照设定规则处理变量，基于变量的位数与连续规则框勾画数量相同的原则，执行画状态；遍历所有的变量，根据连续规则框的连线顺序，为每个变量画上预设操作；接收绘图模式命令，执行与当前绘图模式命令相匹配的变量操作，展示当前绘图模式对应的可视化模式。

西安电子科技大学相关团队针对网络与信息系统中密码应用安全性评估工作问题，以《信息系统密码应用基本要求》为指导，设计并实现了集采集、分析、传输、存储与可视化于一体的密码应用安全态势感知平台。平台通过对网络流量进行分析，判断网络中传输的数据是否被加密，使用的加密协议是否符合国家标准，协议中的密码参数是否合规，从而实现对网络与通信安全层面的密码应用的有效性、正确性与合规性的全面分析与评估。

中国电子技术标准化研究院研究团队提出了商用密码应用分析及监测感知平台建设方案，商用密码应用监测感知平台包含密码数据感知系统和密码数据监测系统，该平台通过主动扫描提取重要设备的关键信息数据，对数据进行分类、提取以及智能分析，定位资产所属位置、所属企业，评估密码应用情况，实现联网安全设备主动扫描感知；结合云基础设施的探针部署模式，基于数据分析模块可以实时监测分析密码算法、随机数、证书等合规性和有效性，同时通过多种形式展现密码资产、设备状态、预警信息等密码应用现状和风险隐患，帮助密码应用企业开展密码应用合规性检查评估，强化商用密码的管理运用，提升密码应用风险消减与防范能力，确保密码应用安全合规。

由王小云院士担任首席科学家的深圳市纽创信安科技开发有限公司研制的密码算法测试平台（软件），可以对各种芯片、产品的密码算法进行测试，通过通信接口连接设备或软件，实现对产品的算法正确性测试，同时支持多个标准的随机数测试。并在硬件安全测试方面，集成学术界在硬件安全的研究成果，整合全流程检测技术，推出商用光子侧信道分析设备和 AI 侧信道分析设备。

北京数缘科技有限公司面向密码研究和商用密码应用设计提出了一系列密码学相关套件和系统，主要关注于侧信道分析和密码评估的研究和系统设计。包括侧信道分析测评套件、侧信道分析教学科研实验套件、密码硬件侧信道分析实验套件和密码学教学实验套件等，以及面向商用密码应用的多个安全性评估工具，包括密码算法合规性测试平台、数字证书格式合规性测试平台、密码协议测试平台、存储/传输数据机密性测试平台、随机性测试平台、密码算法综合测试平台，可有力支撑密码研究、密码测评、密码改造、密码设计与实现等多种场景。

另外，北京理工大学、北京电子科技学院、桂林电子科技大学等科研院所也在密码分析及可视化的系统研究上提出了相应的系统和平台，如车载嵌入式密码芯片电磁侧信道分析平台、基于遗传算法的分组密码能量分析平台、国产化密码算法可视化演示系统、轻量级密码分析系统等系统和平台，有力推动了密码学研究、科研系统建设和产业化发展。

1.2.2 密码智能化研究相关现状

近年来，密码发展进入了智能化阶段，利用人工智能和机器学习技术的密码学智能化研究开始进入人们的视野。智能密码算法和智能密码分析的诞生是密码学进入智能化阶段的主要特征。人工智能算法的一个重要的应用方向就是数学、信息学、网络安全和密码学的应用，如图 1-1 所示。

智能密码算法基于机器学习技术设计、分析和实现加解密，或利用神经网络的同步机制来实现密钥交换。不仅如此，此类算法还可通过机器学习模型推理秘密信息部分来实现按需加密，兼顾加密的效率与安全性，具有灵活度高、自适应能力强等优点。智能密码分析则基于机器学习技术挖掘秘密信息中的特征，将特征提取与密码学研究相结合，更高效准确地进行密码分析。

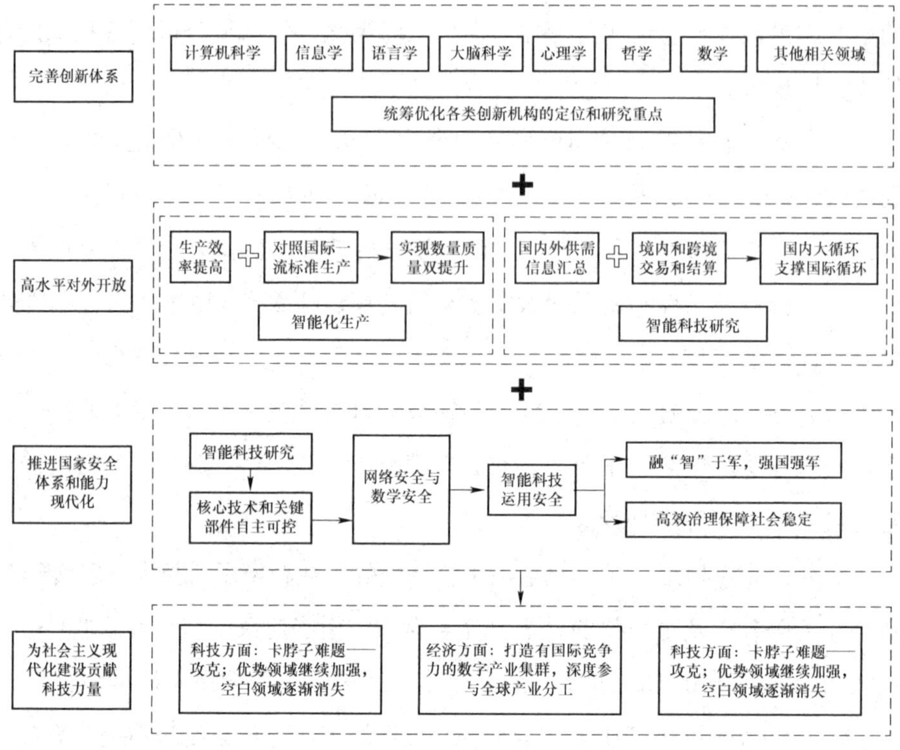

图 1-1　人工智能未来重要的应用方向

机器学习和密码学有很多共同点，如能处理大量数据和具有大搜索空间。早在 1991 年，RSA 的创建者之一 Ronald Rivest 专门讨论机器学习和密码学之间的异同以及这两个领域间的相互影响。时至今日，国内外研究人员在此领域取得了一系列成果，并初步形成了一个新的交叉领域——神经网络密码学。

作为机器学习的一个大分支，人工神经网络被大量应用于智能密码算法的设计中。由于人工神经网络的非线性映射特征恰巧吻合密码算法的非线性映射设计原则，利用人工神经网络开展智能密码算法研究已经成为现代密码学发展的重要分支。目前，根据人工神经网络的工作机理，智能密码算法中用到的人工神经网络可分为反馈型网络（如 TPM 神经网络等）和前馈型网络（如 GAN、混沌神经网络等）两类。

关于 TPM 的最早研究可追溯到 2002 年 Kinzel 等和 Rosen 等的工作。他们分析了 TPM 互学习问题，首次提出利用 TPM 的互学习机制构造密钥交换协议，接收侧只需执行有限次数的输入输出交换步骤，即可收敛到同步状态。与基于数论的密码算法相比，基于 TPM 的智能密码算法有 3 个优点：1）运算简单，其训练算法本质上是一个线性滤波器，易于硬件实现；2）生成密钥的计算次数较少，生成长度为 N 的密钥仅需要 N 次计算；3）对于每个通信，消息的每个块都可以生成一个新的密钥。

基于 GAN 的生成对抗迭代原理，研究人员提出了许多智能密码算法的新思路。Abadi 等给出如何在不指定密码算法和相关条件下，通过 GAN 来保护通信过程。Coutinho 等将 GAN 的生成与对抗推广到密码学的编码与破译中，实现了密码算法的自动设计与分析。Zhou 等通过引入对抗攻击者破译加密算法，来检测密码算法的安全性。Yan 等提出基于 GAN 的隐私保护方法，设置掩埋点检测网络攻击，调整训练参数使攻击无效化。针对医学图像隐私加密问题，Ding 等使用基于 cycle-GAN 的图像加解密网络来加密医学图像。为了提高线性图像加密系统的安全性，Wu 等提出基于对抗神经加密和 SHA-256 控制混沌系统的图像加密方法，通过训练 GAN 模型获得类似噪声的中间图像，然后对其执行异或操作，获得最终密文。

基于 GAN 的密码算法的原理如图 1-2 所示。基于 GAN 的智能密码算法的优势在丁：1）现有对称密码体制中的 GAN 模型使用神经网络的反向传播，训练时不需要推断隐变量；2）对抗攻击者破译能力的提高，反而会增强生成的密码算法的鲁棒性。

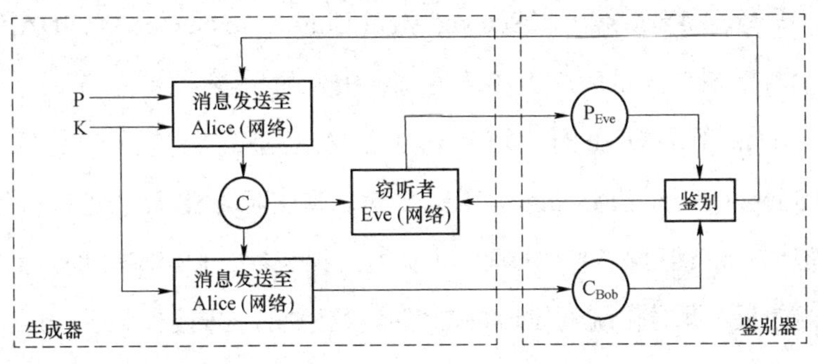

图 1-2　GAN 密码算法

研究人员利用混沌神经网络，开展了一系列新型智能密码算法的探究。Zhang 等讨论了密码学和混沌理论之间的联系，并利用混沌的初值敏感性训练神经网络，以实现加解密算法。Su 等提出了一种数字信号加解密的混沌神经网络模型及其 VLSI 结构，使用混沌系统产生的二进制序列设置神经元的偏差和权值加密数字信号。Fang 等提出一种混沌块图像加密算法，首先引入超混沌系统与 GAN 结合生成密钥流，然后将该序列与 Feistel 网络加密结合，实现加密图像的整体置乱和扩散，该实验结果表明，所提算法能够有效抵抗暴力攻击和选择明文攻击。基于混沌神经网络的智能密码算法的优势在于：1）异步加密模型使用简单，不需要原子操作；2）加密速度快、不失真，适合系统集成；3）非线性复杂度高、并行性好，满足 IPv6 保密通信要求。

除了以树奇偶校验机、生成式对抗网络和混沌神经网络为核心的智能密码算法以外，还有以实时递归神经网络、与量子密码结合的神经网络、反向传播网络等机器学习方法为核心的智能密码算法。

目前，机器学习和密码分析的交叉融合研究主要有两种思路：一是使用机器学习分析密码算法加解密运算中泄露的信息，如执行时间、功耗等，结合统计学习方法进行侧信道攻击；二是将机器学习与现有密码分析技术（如差分或线性密码分析）相结合，利用机器学习的优势，提高寻找解的效率。

近年来，研究人员开始探索基于机器学习的侧信道攻击研究，在 2013 年以前，多采用 SVM 算法、RF 算法、KNN 模型和贝叶斯推断等传统机器学习算法进行侧信道攻击。2013 年之后，伴随深度学习技术的发展，CNN、LSTM、栈式去噪自编码器（Stacked Denoising Auto encoders，SDAE）模型等深度学习模型被大量应用于侧信道攻击中。

Hospodar 等首次在侧信道攻击中引入最小二乘支持向量机（Least Squares Support Vector Machines，LS-SVM）算法对 AES 算法进行模板攻击，判断哪些加密密钥已在内部处理，其实验结果表明，LS-SVM 的参数选择会影响攻击效果；针对传统侧信道攻击需要参数假设的问题，Lerman 等将 RF、SVM、自组织映射等算法应用于侧信道攻击，他们提出的方法无需参数假设，且能处理高维向量，提高了侧信道攻击的准确性；基于改进残差网络和数据增强技术，Wang 等提出了恢复密钥字节的能量分析攻击方法；Martinasek 等对测量的功率迹线进行预处理，提高了神经网络模型模板攻击的成功率；Wang 等提出了一种基于最佳字符串对齐距离的 SVM 核函数，在支持向量机上利用基于距离的指标对流量实例进行分类；Rimmer 等构建了一个大型流量数据集，并用该数据集比较了 SDAE、CNN、LSTM 等 3 种深度学习模型和 KNN、SVM、RF 等 3 种机器学习方法，表明了深度学习具有更好的流量分类效果；Sirinam 等利用 CNN 模型设计了一种新的 WF 攻击（Deep Fingerprinting，DF），提高对 Tor 流量的识别准确性。

随着人工智能的飞速发展，将其引入侧信道攻击中的研究也日益增多。基于机器学习与神经网络的侧信道攻击的优势在于：1）可以快速分类能量轨迹携带的密钥的汉明重量；2）使用 CNN 可以攻击非对齐的能力轨迹；3）可以利用更多维度的侧信道特征信息提高攻击效果。

除了以上应用，密码学智能化相关的研究还有使用机器学习来实现信息隐藏和使用密码学方法来保护机器学习训练过程。在密码技术与信息隐藏的交叉研究中，Gupta 等利用神经网络在通信双方之间产生一个公共密钥，提出了在 Shamir 方案生成的图像中共享秘密份额的安全机制，此机制能够在公共信道上以较小的计算力共享秘密信息。Xie 等将同态加密和神经网络相结合，完成信息加密，在 MNIST 光学字符识别任务时，对识别准确率产生的影响极小。

1.2.3 发展趋势分析

（1）密码相关的各类系统将陆续出现

随着密码学的不断发展和应用，可以预见在未来将有更多与密码学相关的软件与信息系统出现。包括密码专业科研系统、密码专业教学系统、密码模拟仿真系统、工业控制密码管理系统、物联网密码管理系统等。此类系统的出现将进一步提升密码学的科研教学水平，扩大密码学的应用范围，提高密码学产业化能力，进一步推动密码学的研究发展和相关产业的示范应用。

（2）密码与人工智能的结合更加紧密

人工智能技术在近年来得到了快速的发展，而将其与密码学相结合可以进一步提高密码算法的智能化水平和安全性。未来，我们可以预见到更多的研究者会尝试将更多的人工智能技术应用于密码学中，以解决现有的问题和挑战。例如，将人工智能技术应用于密码研究、密码分析、密码算法的设计和评估等方面。

1.3 对经济社会的影响带动作用

河南省在网络空间安全和密码学的研究和应用，以及相关法律法规的制定方面走在了全国的前列。《河南省网络安全条例》明确，省人民政府及有关部门应当支持省实验室和省级以上工程技术研究中心、技术创新中心、重点实验室等，开展网络安全技术研究，加强网络安全平台建设；鼓励和支持高等院校、科研机构、企业参与网络安全技术创新项目和网络安全平台建设；省人民政府及有关部门应当支持网络安全相关企业、高等院校、科研机构协同开展关键技术攻关，引导网络安全产业集聚，推动网络安全技术应用与网络安全产业融合发展。《河南省政务数据安全管理暂行办法》提出，政务部门应落实等级保护、密码应用等要求，定期开展政务信息系统等级保护和商用密码应用等安全性评估。《2023 年河南省数字经济发展工作方案》强调，在网络安全方面，要加快推动商用密码产业发展，要推动商用密码关键技术研发应用，要增强网络安全产业竞争优势。

2023 年 1 月，河南省政府出台了《河南省促进商用密码产业高质量发展若干政策措施》，支持产业园区建设，打造特色鲜明的区域性密码创新中心和高水平产业链生态链。同时，支持各地依托智慧岛、数字经济园区，建设商用密码特色产业园区，搭建集密码科研、生产、检测、安全评估、成果转化、教学、科普等于一体的综合服务平台。为加快河南省商用密码科技创新和产业高质量发展，构建以密码技术应用为核心的网络安全保障体系，为服务河南省经济社会数字化转型提供政策保障。

与此同时，河南省在密码前沿技术的研究和应用上也出台了相关政策和措施。河南省政府在《河南省“十四五”战略性新兴产业和未来产业发展规划》提出，推进量子通信、量子计算重大研究测试平台建设，积极参与国际、国内量子信息领域标准制定，集中突破量子芯片、量子编程、量子精密测量、量子计算机以及相关材料和装置制备关键技术，建立以量子计算和量子传输为基础的量子网络与信息安全体系。筹建河南省量子信息技术创新中心，争创国家量子信息技术创新中心。《河南省“十四五”数字经济和信息化发展规划》，建设国际一流的量子制备中心、量子精准测量控制中心、量子技术应用探索平台，建设一批量子信息新型研发机构、创新平台，突破光学芯片、量子密钥分发及管理、量子存储器等关键技术，引进和培育一批量子通信元器件生产、设备制造、网络建设及运营服务企业。建设国家广域量子通信骨干网络河南段及郑州量子通信城域网，推动量子计算在人工智能、材料模拟、云计算、高性能计算和大数据等领域应用，率先在电子政务领域启动量子安全应用试点。《河南省人民政府办公厅关于提升高校科技创新能力的实施意见》，聚焦集成电路、氢能与储能、量子通信等未来技术和产业，定向支持建设3～5个未来技术学院，争创1～2所国家未来技术学院。各类措施的提出，有力推动了河南省在密码前沿技术上的科技创新能力和产业化水平。

另外，在科研和学科的设置上，河南省科技厅、教育厅等部门出台了一系列政策措施，支持密码学科建设和人才培养。例如，支持郑州大学、河南大学、河南师范大学等高校加强密码学科师资队伍、人才培养、科研平台建设，创建国家示范性密码学院。此外，河南省还将密码学纳入重点学科建设和特色学科扶持范围，支持高校设立密码学专业，鼓励高校开展密码学研究，培养更多的密码学人才。

人工智能的政策方面，2023年底，河南省政府出台了《河南省新一代人工智能产业链培育行动方案（2023—2025年）》，力争在人工智能新赛道上跑出加速度、抢占制高点。明确了推动算法创新发展、突破发展智能硬件、提升软件支撑能力、拓展行业应用场景4个主攻方向，提出到2025年全省人工智能技术创新能力和产业竞争力显著提升，产业规模突破1000亿元。2024年10月，河南省人民政府办公厅印发《河南省推动“人工智能+”行动计划（2024—2026年）》，明确到2026年底，力争2～3个行业人工智能应用走在全国前列，建设一批高质量行业数据集，形成2～3个先进可用的基础大模型、20个以上垂直领域行业模型和一批面向细分场景的应用模型、100个左右示范引领典型案例，涌现出一批制度创新典型做法和服务行业应用的标准规范。

鉴于河南省在密码学和人工智能研究方面的前沿性和产业化示范应用能力，本项目的研发将有力推动河南省在网络空间安全和密码学以及人工智能领域的科技创新和产业化水平，促进多学科的交叉融合研究，为后续各类信息系统的密码安全应用提供有力的先导性技术支撑，并提升河南省在多领域的整体竞争力，为河南省的经济发展和社会进步做出更大的贡献。

1.4 全书组织结构

第1章简要介绍相关研究背景政策和研究现状；第2章详细讲述本书的研究内容和方法；第3章介绍基于Selenium的密码文献数据采集检索技术；第4章介绍基于BERT的密码文献分类技术；第5章介绍基于BERT的密码文献关键信息提取技术；第6章介绍基于LSTM的密码算法规范化表示技术；第7章最后介绍基于Graphviz的密码算法流程可视化技术。

第 2 章　研究内容与方法

密码算法智能感知解析技术研究主要基于人工智能技术，充分利用不同类型人工智能技术对密码算法的网络感知分类和结构解析进行研究，给出具体方法和系统架构，并进行软件实现。本章主要介绍全书的研究内容和方法，以及研究方法的可行性与先进性，在理论层面给出全书研究的基础性指导。

本章具体结构如下：第 2.1 节主要讲述全书的研究内容，主要包括密码算法智能感知技术和密码算法智能解析技术；第 2.2 节主要针对上述两类研究内容给出具体研究和软件系统实现方法；第 2.3 节对本章的研究方法给出可行性与先进性的分析结果。

2.1　研究内容

现阶段，随着人工智能技术的迅猛发展，密码技术的研究和应用也随之进入了智能化的时代，密码学研究与人工智能的结合尚在孵化发育状态，相关技术正在起步。现有密码算法的研究存在智能化程度低、算法种类繁多、安全评估困难、融合环境分析方法多元化等问题，现有的分析技术、手段、方法等均无法满足。在此背景下，本书围绕“密码算法智能感知与解析技术”

进行研究，具体研究内容如下。

2.1.1 密码算法智能感知技术

密码算法的智能感知技术以及其系统架构，重点研发基于 Python 爬虫的密码算法感知技术、利用基于 Transformer 的 Bert 预训练模型进行密码算法文本分类、技术实现的基本框架和系统实现。建立对称密码算法的感知搜索分类与人工智能的技术结合，构建全新的密码算法智能感知与分类系统，助力密码技术科研与教育事业，直接或间接提升密码产业能力，技术路线如图 2-1 所示。

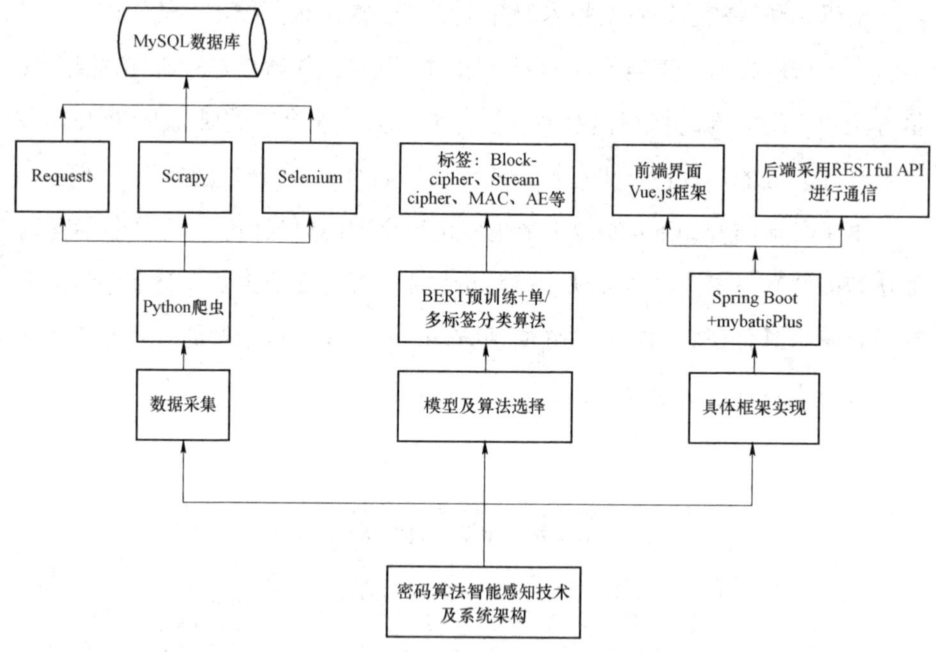

图 2-1 密码算法智能感知技术路线

（1）具体内容

利用基于 Python 爬虫技术，如 Requests、Scrapy 和 Selenium 等进行全网确定范围内的密码算法数据采集，爬取的信息主要有密码算法标准文档、密码算法设计文档、密码算法相关设计论文等，并将爬取的数据保存在

MySQL 数据库中方便后面数据应用的使用。

基于 BERT 预训练模型，进行智能文本分类，其中，分类算法采用单标签分类算法和多标签分类算法结合的方式，标签包括：分组密码（Block cipher）、流密码（Stream cipher）、消息鉴别码（MAC）、认证加密算法（AE）、SP 结构、Feistel 结构、GFS 结构、LM 结构、基于 LFSR 的流密码、基于 NFSR 的流密码、ARX 类密码、采用分组密码的消息鉴别码等。

系统架构采用 Spring Boot 和 mybatisPlus 框架实现后端功能，使用 Vue.js 框架实现前端界面，并实现相应的交互效果和数据展示。为了确保系统的稳定性和可扩展性，采用了微服务架构进行设计。每个模块都是独立部署，通过 RESTful API 进行通信。通过前后端分离的方式，实现了系统的模块化、可扩展性和可维护性。同时，为了提高系统的性能和用户体验，还引入了缓存机制和响应式设计等技术。整个系统采用了分布式架构，通过负载均衡和容错机制确保系统的稳定性和可用性。

（2）技术难点

提高数据抓取的效率：在大数据环境下，数据来源广泛且分散，数据抓取的效率往往较低。因此，需要采用有效的技术手段来提高数据抓取的效率。这可以通过使用异步编程、设置请求头信息、使用多线程或分布式等方法来实现。

应设计爬虫机制：许多网站都设置了反爬设计以防止大规模的数据抓取。这可能涉及 IP 封禁、验证码等手段，需要采取相应的技术手段来应对反爬虫机制，如使用代理 IP、破解验证码等。

数据清洗和预处理：由于网络环境的复杂性和不确定性，获取的数据往往存在大量的噪声和无关信息，需要进行数据清洗和预处理。这包括去除重复数据、填补缺失值、去除噪声、标准化等操作。

分类算法的选择和设计：对于数据的分类，需要选择合适的设计，并能够正确地应用这些算法。涉及特征选择、模型训练、模型评估等步骤，需要对数据和算法有深入理解。

2.1.2 密码算法智能解析技术

研究密码算法智能解析技术及系统架构，重点研发密码设计文档的关键信息抽取、密码算法的规范化粗粒度表示、算法结构图的智能化解析和嵌入以及技术实现的系统架构，建立从密码文档到密码算法，再到密码算法结构的图形可视化展示，构建密码算法智能解析系统，技术路线如图 2-2 所示。

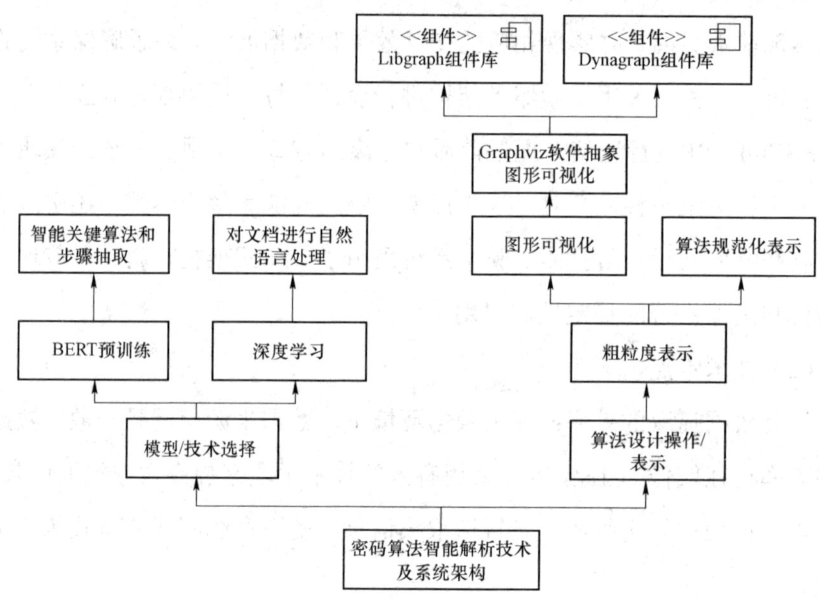

图 2-2 密码算法智能解析技术路线图

（1）具体内容

对于通过感知技术或人工导入的标准算法文档或文献资料，利用 Bert 预训练模型，进行智能关键算法和步骤抽取，提取文档中的算法步骤、关键的算法表示。利用深度学习技术对文档进行自然语言处理，将文档中的文字转化为计算机可识别的格式，以便后续的处理和分析。

对于密码算法设计中常用的操作，如轮函数、S 盒、P 盒、异或、模加等，给出粗粒度表示，建立密码算法描述的基本单元，实现算法的规范化表示。通过以上基本单元的规范化表示，可以更加清晰地描述密码算法的设

计思路和实现过程。同时，也可以更加方便地对算法进行安全性和效率的分析和评估。

在粗粒度表示基础上，利用侧重于静态模型的 Graphviz 软件抽象图形可视化和操纵工具，建立对称密码算法可视化组件库 Libgraph 和 Dynagraph。这些工具可以自动生成密码算法的流程图和时序图等可视化图像，帮助用户更直观地理解密码算法的工作原理和流程。同时，密码算法结构图还可以用于算法的自动化解析和生成算法文档等工作，使算法文档中的内容更加生动、形象，提高文档的可读性和易用性，帮助研究者更好地理解算法的工作原理和流程，从而更好地应用算法。

（2）技术难点

算法的定位和识别：在文档中，算法可能以不同的形式出现，如文字描述、流程图、时序图等。因此，需要使用自然语言处理和图像识别等技术，准确地定位和识别出文档中的算法。

算法理解的准确性：Bert 预训练模型是基于 Transformer 的深度学习模型，它需要对输入的文本进行理解和编码，以便能够从中提取出算法的细节。但是，由于自然语言处理的复杂性和多义性，模型可能无法准确地理解文档中算法的细节。

算法表示的规范性：在提取算法之后，需要将其以规范的形式表示出来，以便后续的处理和分析。但是，如何规范化地表示算法是一个难题，需要考虑如何准确地表达算法中的各种概念和操作。

Graphviz 软件使用布局算法来确定图形中节点和边的布局，不同的布局算法可能适用于不同的场景和问题，选择合适的布局算法并将其应用到密码算法结构的解析是 Graphviz 软件使用中的一个难点。

Graphviz 软件生成的图形一般是静态图形，如果需要与图形进行交互，例如放大、缩小、拖动节点等，则需要额外的编程工作，这可能是 Graphviz 软件使用中的一个难点。

2.2 研究方法

针对本书研究解决的问题，采用的研究方法包含两个方面：（1）密码算法智能感知技术研究，利用基于 Python 的爬虫技术，搜索爬取相关密码标准及文献，并通过 Bert 预训练模型等深度学习的方法进行智能文本分类，采用 Spring Boot 和 mybatisPlus 框架搭建系统；（2）密码算法智能解析技术研究，首先利用 Bert 预训练模型进行关键算法和步骤的智能抽取，然后实现算法的规范化表示，进一步利用 Graphviz 算法进行图形化表示，并进行系统搭建。

2.2.1 智能网络感知技术

（1）密码算法智能感知技术研究

利用 Python 编程语言及其爬虫库，包括 Requests、Scrapy 和 Selenium 等技术，能对全网的特定范围进行密码算法数据的采集，通用网络爬虫模型如图 2-3 所示。在此过程中，对各类网页进行深度遍历，寻找并抓取满足本项目需求的密码算法数据，主要包括密码算法标准文档、密码算法设计文档以及与密码算法相关的设计论文等。

该方法基于 Python 爬虫等先进算法，能够高效、准确、完整地完成密码算法数据的采集、存储和使用。这不仅提供了丰富的数据资源，同时也为其他密码研究者提供强大的支持，更好地理解和应用密码算法。

通过这种方式，能够有效地收集大量关于密码算法的信息，所有信息在采集后安全地保存在 MySQL 数据库中，以供后续的数据应用使用。该数据库不仅提供了一个集中存储和管理的平台，同时也确保了数据的可追溯性和可利用性。

该方法不仅具有高效性，同时也保证了数据的准确性和完整性。由于系统能够自动化地完成数据采集和存储，因此大大减少了人工操作的成本和错误率。此外，还会利用一些更为智能的算法和模型，对爬取的数据进行进一步的处理和分析，从而得到更有价值的信息。

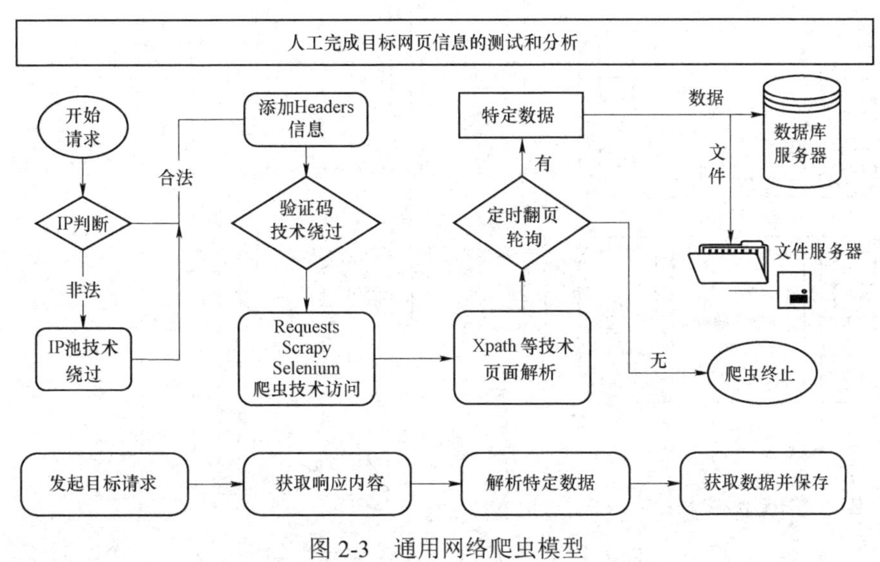

图 2-3　通用网络爬虫模型

（2）密码算法文本智能分类技术研究

在智能密码算法文本分类的研究方面，本书采用目前最为先进的 BERT 预训练模型，并将其应用于各种密码学相关的文本分类任务中。基于 BERT 的长文本分类模型如图 2-4 所示。BERT 模型经过了大规模的预训练，能够深入理解文本的语义信息，为分类任务提供强大的支持。

为了提高分类的精度，我们采用单标签分类算法和多标签分类算法相结合的方法。这种结合的方法使得我们的模型在处理复杂文本时能够发挥出更大的优势。例如，一些文本可能同时涉及多个相关的主题，如分组密码和流密码。我们的模型可以准确地将其分类到这两个类别中，展现了出色的性能。

在分类算法中，设计涵盖密码学领域的多个重要方面的多个标签。包括分组密码（Block cipher）、流密码（Stream cipher）、消息鉴别码（MAC）、认证加密算法（AE）、SP 结构、Feistel 结构、GFS 结构、LM 结构、基于 LFSR 的流密码、基于 NFSR 的流密码、ARX 类密码、采用分组密码的消息鉴别码等。这些标签使得模型可以广泛应用于各种密码学相关的任务中，为后续的研究和应用提供了有力的支持。

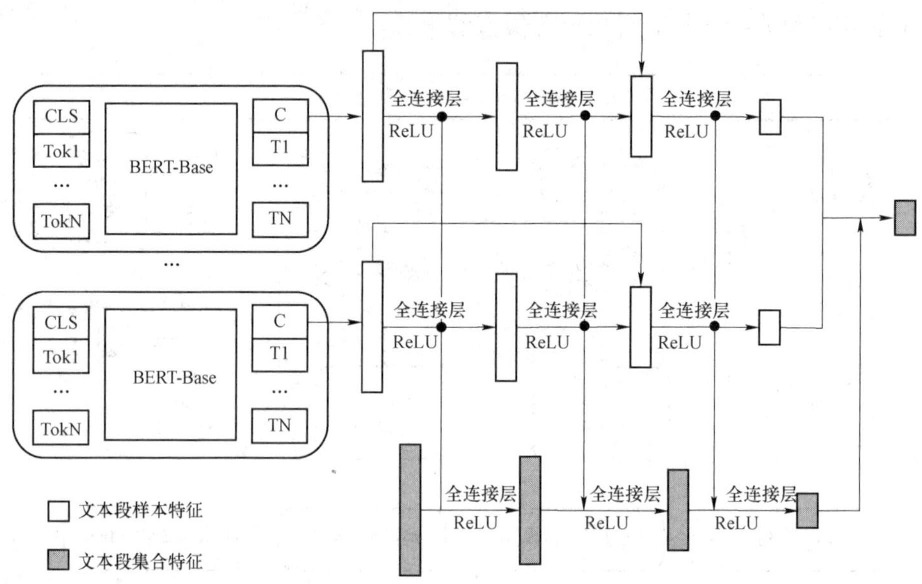

图 2-4　基于 BERT 的长文本分类模型

通过采用 BERT 预训练模型和结合单标签分类算法和多标签分类算法，可以开发出了一种高效、准确的智能密码算法文本分类方法，为后续的密码算法研究和应用提供了有力的支持，同时为智能文本分类领域的发展作出积极的贡献。

（3）密码算法智能感知分类的系统实现架构

业务需求和功能模块中，明确密码智能解析系统的业务需求和功能模块。例如，文献感知、算法分类等，如图 2-5 所示。在技术选型中，选择 Spring Boot 和 mybatisPlus 作为后端框架，使用 Vue.js 作为前端框架，引入相关的技术库和工具。数据库设计中，根据业务需求，设计数据库表结构，存储密码智能解析系统的相关数据，如密码算法的数据库。

微服务架构设计上，将后端功能划分为独立的微服务，每个微服务负责特定的业务模块。例如，文献感知服务、算法分类服务等。使用 RESTful API 进行微服务之间的通信，保证数据的一致性和交互性。在模块化设计和代码分离上，可以采用模块化设计方法，将不同的模块分别放在不同的项目中，实现代码的分离和可维护性。

另外，在缓存机制实现上，引入缓存机制，例如使用 Redis 等缓存服务器，提高系统的响应速度和性能。并使用响应式设计方法，使系统能够自适应不同的终端设备，提高用户体验。在分布式架构设计上，将系统划分为多个分布式节点，通过负载均衡和容错机制确保系统的稳定性和可用性。在接口定义和实现，定义前后端之间的接口，包括数据传输格式、请求参数、返回结果等，实现前后端的交互和数据展示。

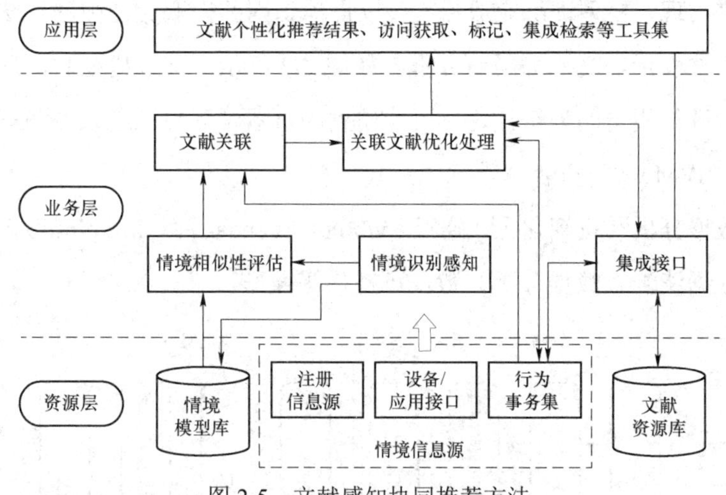

图 2-5　文献感知协同推荐方法

最后在系统测试和优化方面，进行系统测试和性能测试，发现并修复潜在的问题和漏洞，并进行必要的优化和调整。以及安全性和隐私保护方面，在系统实现过程中要注意安全性和隐私保护，例如对敏感数据进行加密存储、限制访问权限等措施。除此之外，在文档编写和维护中，要编写相关的文档，记录系统架构、接口定义、操作流程等信息，以便后续的维护和使用。

2.2.2　智能结构解析技术

（1）密码相关文档的算法抽取

首先，通过感知技术或人工导入的方式，从各种来源收集标准算法文档或文献资料。这些资料将作为研究的对象。对收集到的原始文档进行预处理，包括格式统一、去除无关信息、标准化等操作，为后续的模型训练准备数据。在自然语言处理（NLP）上，BERT 预训练模型是一种基于 Transformer 的深度学习模型，Transformer 模型如图 2-6 所示，利用 BERT 预训练模型，对预处理后的文档进行自然语言处理。将文档中的文字转化为计算机可识别的格式，为后续的算法步骤和关键算法表示的提取提供了基础。

关键算法和步骤智能抽取阶段，在进行了自然语言处理之后，利用 BERT 模型或者其他机器学习算法进行关键算法和步骤的智能抽取。这可以通过训练模型来实现，模型训练完成后，可以自动识别并提取文档中的算法步骤和关键的算法表示，文本分类研究框架如图 2-7 所示。训练模型时，通过机器学习算法进行模型的训练，这里可能用到的机器学习算法包括决策树、支持向量机（SVM）、随机森林等。

在数据分析和可视化上，通过 Python 的 Pandas 库、Matplotlib 库等，用于进行数据清洗、数据分析、数据可视化等操作。

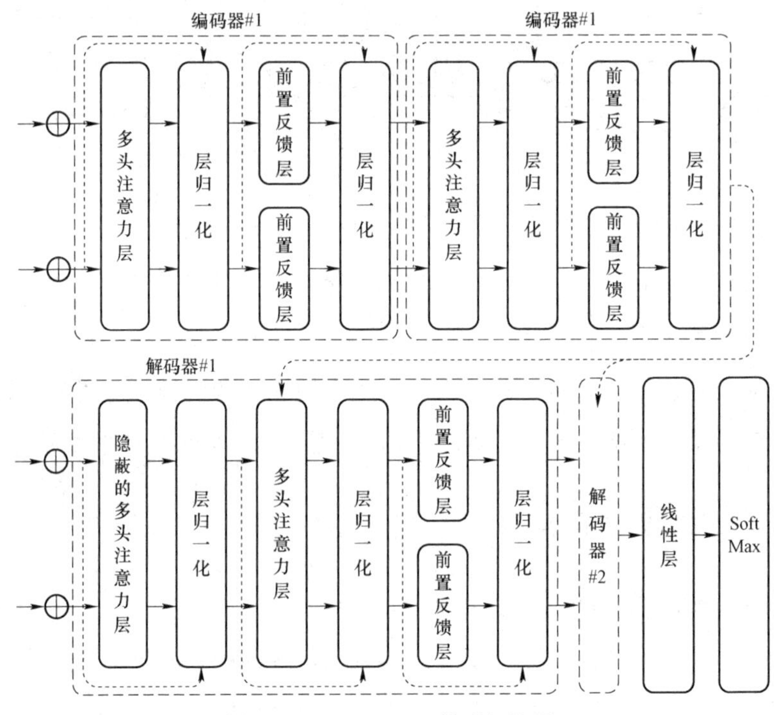

图 2-6 Transformer 模型架构图

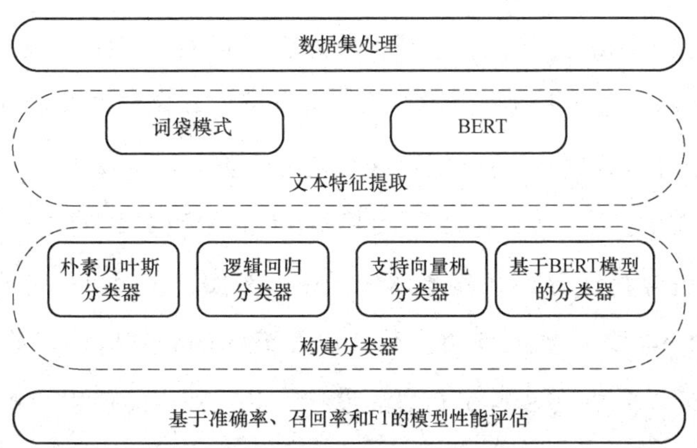

图 2-7　文本分类研究框架

（2）密码算法的规范化表示

首先定义基本单元。基本单元应包括轮函数（F 函数或 R 函数）、S 盒（Substitution box）、P 盒（Permutation box）、异或（XOR）、模加等操作的定义。这些基本单元可以表达各种密码算法的主要部分，如图 2-8 所示。

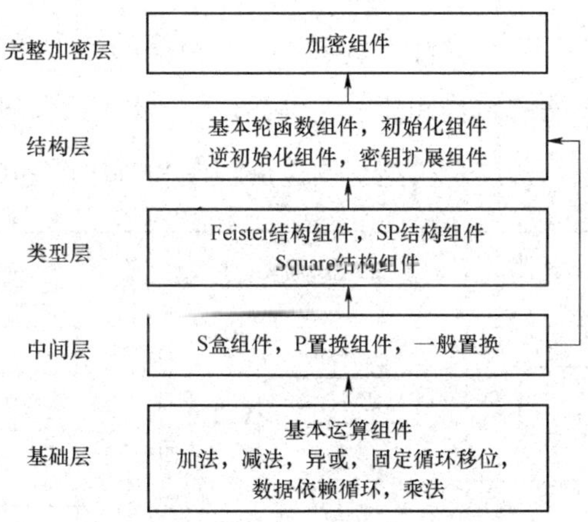

图 2-8　密码算法的基本组件单元

其次建立规范化表示，需要对每个基本单元都定义其输入、输出和处理方式。例如，轮函数可以接收一个密钥和一个输入，然后返回一个输出。S 盒和 P 盒可能接受一个输入，然后返回输出。同样，异或和模加操作也是一样。

然后实现算法的规范化表示，需要将密码算法分解为这些基本单元，然后按照规范化表示的方式将这些基本单元连接起来。例如，AES（Advanced Encryption Standard）可以被分解为多个轮函数、S 盒和 P 盒的处理。

最后是分析和评估。通过使用这些规范化表示，不仅可以为本项目下一步的图形化表示打下基础，同时可以清晰地看到密码算法的设计思路和实现过程，从而更容易地分析其安全性和效率。例如，我们可以分析 AES 的轮函数数量、S 盒和 P 盒的使用次数，以及整体的处理时间，从而评估其性能。我们还可以分析其 S 盒和 P 盒的设计，以及密钥的使用方式，来评估其安全性。

（3）密码算法图形化解析

首先确定需求，通过密码感知系统自动下载或人工导入得到密码算法，如 AES、DES、Blowfish、Twofish 等。

其次建立密码算法的可视化模型，Graphviz 是一个开源的图形可视化软件，主要用于绘制各种类型的图形，Graphviz 活动图如图 2-9 所示。针对每一种密码算法，可以使用 Graphviz 建立一个对应的图形模型。这个模型应该能够准确地反映算法的结构和流程。例如，使用轮函数、S 盒、P 盒、异或、模加等基本单元来构建这个模型。创建流程图和时序图等可视化图像，使用

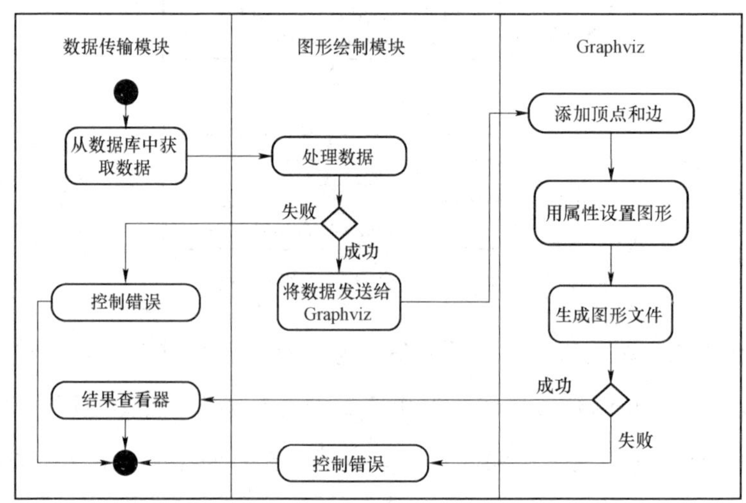

图 2-9　插件和 Graphviz 的交互活动图

Graphviz 的命令和功能，从建立的密码算法可视化模型生成流程图和时序图等可视化图像。图像要求清晰描绘出算法的工作流程，以及各个步骤之间的关系。

最后创建 Libgraph 和 Dynagraph 库，将生成的每一种密码算法的可视化图像整理成 Libgraph 库。对于动态模型的密码算法的可视化图像整理成的库，即 Dynagraph 库，可视化系统框图如图 2-10 所示。

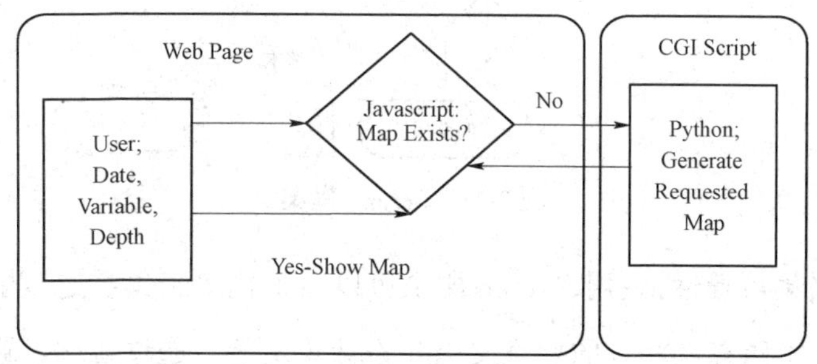

图 2-10　可视化系统框图

2.3　可行性与先进性

2.3.1　密码算法智能感知技术是可行且先进的

（1）可行性

密码算法智能感知技术实现的可行性

使用 Python 编程语言及其爬虫库来采集密码算法数据并存储在 MySQL 数据库中是可行的。

技术可行性：Python 是一种广泛使用的编程语言，具有丰富的库和工具，可以用来编写爬虫程序。Scrapy 是一个流行的 Python 爬虫框架，如图 2-11 所示，可以方便地构建和管理网页爬取任务。Selenium 也可以用来自动化网页的遍历和数据抓取。同时，MySQL 是一种常用的关系型数据库，可以存储和管理大量的数据。

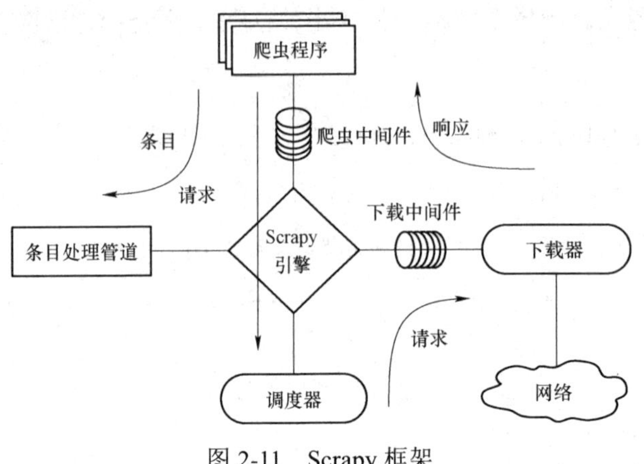

图 2-11 Scrapy 框架

数据采集可行性：使用 Python 爬虫可以自动化地采集特定范围内的网页数据，包括密码算法相关的标准文档和设计论文等。通过合理设置爬虫程序的规则和限制，可以确保数据的准确性和完整性，如图 2-12 所示。

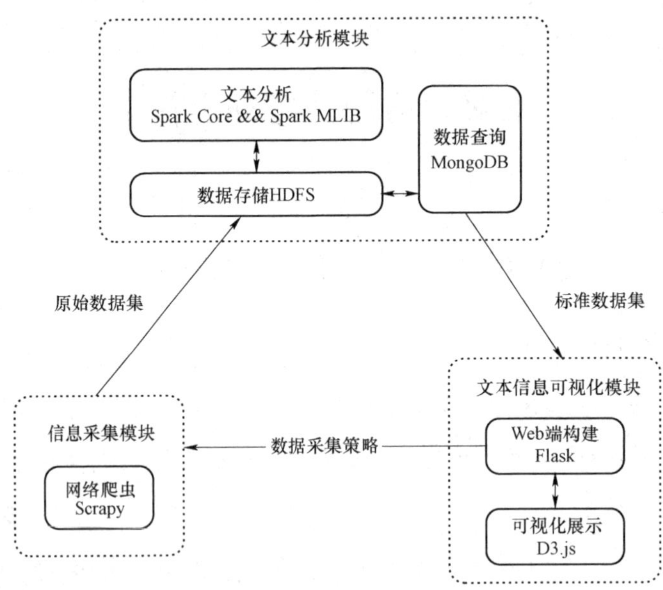

图 2-12 整体模块划分图

数据存储可行性：MySQL 数据库可以安全地存储和管理采集到的数据。通过设计合理的数据库表结构，可以有效地存储和查询数据，为后续的数据应用提供方便的访问和管理接口。

数据应用可行性：采集到的密码算法数据可以应用于各种数据分析和应用场景，如密码算法的性能评估、安全性分析、设计和优化等。通过使用智能的算法和模型，可以对数据进行进一步的处理和分析，提取出更有价值的信息。

综上所述，使用 Python 爬虫和 MySQL 数据库来采集和存储密码算法数据是可行的，可以为密码学研究和应用提供丰富的数据资源和强大的支持。

密码算法文本智能分类技术实现的可行性，包括如下几种。

技术可行性：BERT 预训练模型是一种先进的深度学习模型，经过大规模的预训练，能够深入理解文本的语义信息，为文本分类任务提供强大的支持，BERT 模型结构图如图 2-13 所示。单标签分类算法和多标签分类算法相结合的方法可以提高分类精度，适用于处理复杂的密码学相关文本。

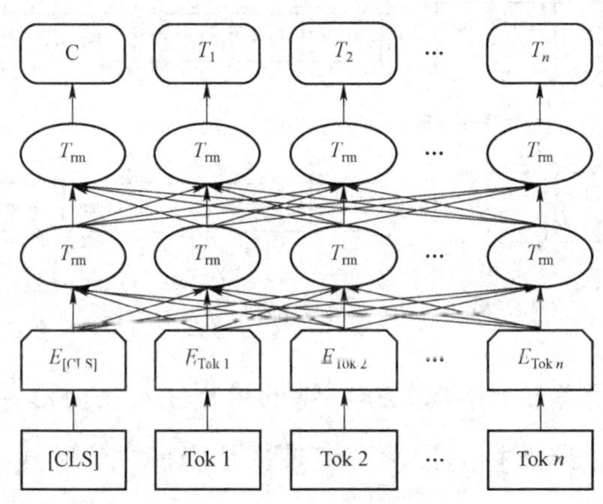

图 2-13　BERT 模型结构图

数据可行性：密码学相关文本数据是可获取的，可以通过采集各种密码学领域的文档、论文等文本数据来进行训练和测试。同时，需要设计合理的标签体系，涵盖密码学领域的各个方面，以便对文本进行准确分类。

性能可行性：通过采用 BERT 预训练模型和结合单标签分类算法和多标签分类算法，可以开发出一种高效、准确的智能密码算法文本分类方法。这种方法可以处理大规模的文本数据，并能够自动地进行分类和识别，为后续的密码算法研究和应用提供有力的支持。

应用可行性：智能密码算法文本分类技术可以广泛应用于各种密码学相关的任务中，如密码算法的设计、评估和优化，以及安全性的分析等。同时，也可以为其他领域提供通用的文本分类技术支持，文本分类模型如图 2-14 所示。

综上所述，使用 BERT 预训练模型和结合单标签分类算法和多标签分类算法研究智能密码算法文本分类技术是可行的，具有广阔的应用前景和发展潜力。

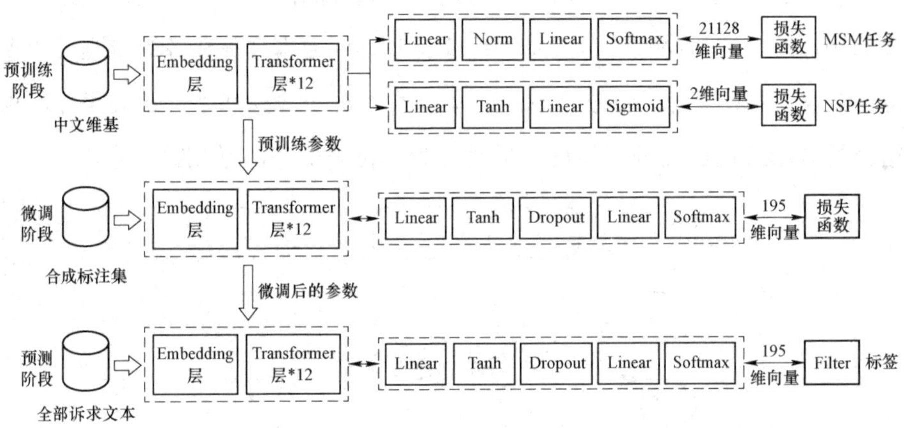

图 2-14 文本分类模型的 3 个阶段

密码算法智能感知分类的系统实现的可行性，包括如下几种。

技术可行性：所选择的技术和工具都是当前主流和成熟的，如 Spring Boot、mybatisPlus、Vue.js 等，这些技术和工具已经经过大量实践验证，能够满足系统需求；引入了缓存机制，如使用 Redis 等缓存服务器，可以提高系统的响应速度和性能，同时，使用响应式设计方法，使系统能够自适应不同的终端设备，提高用户体验；在微服务架构设计上，将后端功能划分为独立的微服务，每个微服务负责特定的业务模块。这种设计方法可以提高系统的可扩展性和可维护性。

业务需求可行性：系统的业务需求明确，功能模块划分合理，例如，文

献感知、算法分类等功能的设定符合实际需求，能够满足密码学相关领域的研究和应用；数据库设计合理，能够保证数据的准确性和完整性，例如，设计密码算法表来存储各种密码算法的信息，设计文献表来存储学术文献的信息等。

社会可行性：该系统实现架构的目的是满足密码学相关领域的研究和应用需求，提供更加智能和高效的算法分类和文献感知功能，因此，该系统实现架构具有一定的社会价值和应用前景。

可持续性和可维护性：采用模块化设计和代码分离的方法可以提高代码的可读性和可维护性，同时，在系统测试和优化方面进行必要的测试和调整，以确保系统的稳定性和可用性，在文档编写和维护中记录系统架构、接口定义、操作流程等信息以便后续的维护和使用，这些措施可以提高系统的可持续性和可维护性。

（2）先进性

数据采集技术的先进性：利用 Python 编程语言及其爬虫库进行特定范围内密码算法数据的采集，这种方法具有高效性和准确性。通过深度遍历各类特定网页，寻找并抓取满足项目需求的密码算法数据，包括密码算法标准文档、密码算法设计文档以及与密码算法相关的设计论文等。这种方法能够有效地收集大量关于密码算法的信息，并且能够安全地保存在 MySQL 数据库中，为后续的数据应用提供支持。

文本分类技术的先进性：项目采用目前最为先进的 BERT 预训练模型，并将其应用于各种密码学相关的文本分类任务中。BERT 模型经过大规模的预训练，能够深入理解文本的语义信息，为分类任务提供强大的支持。这种方法能够提高分类的精度，并且可以广泛应用于各种密码学相关的任务中，为后续的研究和应用提供有力的支持。

系统实现架构的前沿性：在系统实现架构方面，采用了微服务架构和缓存机制等目前非常流行和有效的技术手段。微服务架构可以将后端功能划分为独立的微服务，每个微服务负责特定的业务模块，这可以提高系统的可扩展性和可维护性。缓存机制可以提高系统的响应速度和性能，提高用户体验。这些技术手段的应用可以使系统实现架构更加先进和有效。

文档编写和维护的前沿性：在文档编写和维护方面，要编写相关的文档，记录系统架构、接口定义、操作流程等信息，以便后续的维护和使用。这种做法符合目前软件工程领域的主流做法，能够保证系统的可维护性和可扩展性。

2.3.2 密码算法智能解析技术是可行且先进的

（1）可行性

1. 密码相关文档的算法抽取的可行性

该项研究内容在密码学领域具有较高的可行性，主要体现在以下几个方面。

数据收集的可行性：通过感知技术或人工导入的方式，从各种来源收集标准算法文档或文献资料。在数据收集方面，由于密码学领域已经积累了大量的文档和文献资料，因此可以较为容易地收集到相关数据。同时，随着互联网和密码学的发展，网上也存在着大量的密码学算法的相关研究数据，可以通过爬虫等技术进行自动化收集。

数据预处理的可行性：对收集到的原始文档进行预处理，包括格式统一、去除无关信息、标准化等操作。在数据预处理方面，由于已经存在大量的预处理工具和库，如 Python 的文本处理库、自然语言处理库等，因此可以较为容易地完成数据预处理工作。

自然语言处理的可行性：利用 BERT 预训练模型对预处理后的文档进行自然语言处理，BERT 模型预训练-微调过程如图 2-15 所示。BERT 模型是一种基于 Transformer 的深度学习模型，已经在自然语言处理领域得到了广泛的应用，并取得了很好的效果，Transformer 编码器结构如图 2-16 所示。因此，在自然语言处理方面，用 BERT 模型进行处理是可行的。

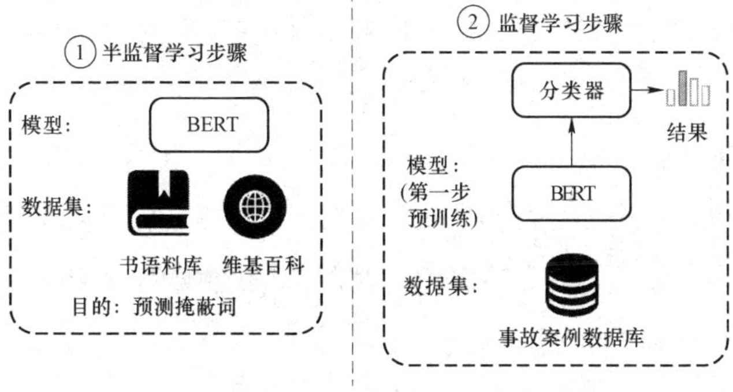

图 2-15 BERT 模型预训练-微调过程

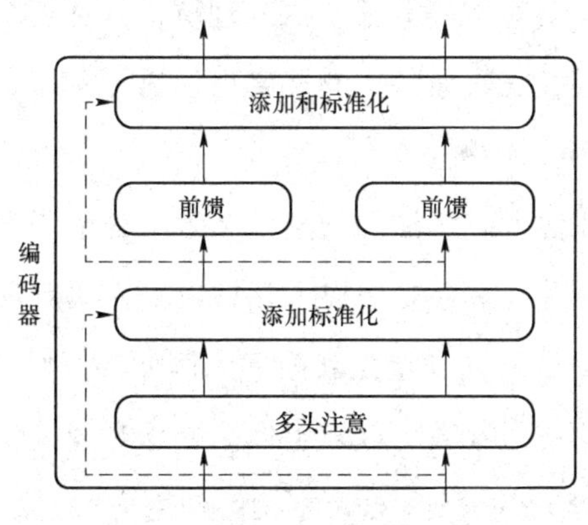

图 2-16 Transformer 编码器结构

关键算法和步骤智能抽取的可行性：利用 BERT 模型或其他机器学习算法进行关键算法和步骤的智能抽取。由于已经存在大量的机器学习算法和框架，如 Scikit-learn、TensorFlow 等，因此可以较为容易地实现关键算法和步骤的智能抽取。

数据分析和可视化的可行性：通过 Python 的 Pandas 库、Matplotlib 库等，用于进行数据清洗、数据分析、数据可视化等操作。在数据分析和可视化方面，Python 已经存在大量的数据分析库和可视化库，如 Pandas、Matplotlib 等，因此可以较为容易地进行数据分析和可视化工作。

综上所述，本项研究内容通过感知技术或人工导入的方式可以收集到大量的密码学相关的数据，同时利用现有的预处理工具和深度学习模型可以完成数据的预处理和自然语言处理工作。通过机器学习算法可以进行关键算法和步骤的智能抽取，同时利用 Python 的数据分析库和可视化库可以进行数据分析和可视化工作。因此，该研究内容是可行的。

2. 密码算法的规范化表示的可行性

首先，定义基本单元并建立规范化表示的方法在密码学中是常见的。这些基本单元可以涵盖各种密码算法的主要部分，并且规范化表示可以清晰地描述每个基本单元的输入、输出和处理方式。这种规范化表示方法有助于研究者更好地理解和分析密码算法。

其次，将密码算法分解为基本单元并按照规范化表示的方式连接起来是可行的。这个过程需要对密码算法有深入理解，并且需要具备一定的编程技能。然而，当前已经存在大量的工具和库可以用于实现这种规范化表示，例如 Python 的 matplotlib 库等。

最后，分析和评估密码算法的安全性和效率是密码学领域非常重要的一个环节。通过使用规范化表示，可以清晰地看到密码算法的设计思路和实现过程，从而更容易地分析其安全性和效率。例如，可以分析 AES 的轮函数数量、S 盒和 P 盒的使用次数，以及整体的处理时间，从而评估其性能。还可以分析其 S 盒和 P 盒的设计，以及密钥的使用方式，来评估其安全性，AES 轮函数流程和密钥编排方案如图 2-17 所示。这些分析方法在密码学领域已经得到了广泛应用，并且取得了良好的效果。

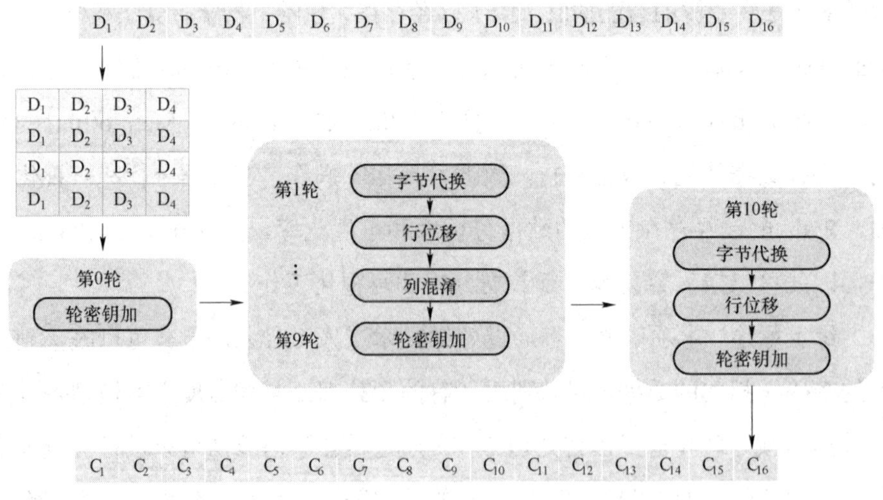

图 2-17　AES 轮函数流程和密钥编排方案

综上所述，本项研究通过定义基本单元并建立规范化表示、将密码算法分解为基本单元并按照规范化表示的方式连接起来、分析和评估密码算法的安全性和效率等方法，可以更好地理解和分析密码算法，并且为下一步的图形化表示打下基础。该研究内容是可行的。

3. 密码算法图形化解析的可行性

研究内容在密码学领域具有一定的可行性，具体分析如下：

需求明确：该研究内容明确了要通过密码感知系统自动下载或人工导入得到各种密码算法，如 AES、DES、Blowfish、Twofish 等，从而为后续的图形化解析提供基础数据。这种需求是明确的，并且与密码学领域的相关研究紧密相关。

建立密码算法可视化模型：该研究提出了建立密码算法的可视化模型的方法。其中，Graphviz 是一个开源的图形可视化软件，主要用于绘制各种类型的图形，其工作流程如图 2-18 所示。针对每一种密码算法，可以使用 Graphviz 建立一个对应的图形模型，这个模型应该能够准确地反映算法的结构和流程。这种通过可视化模型来解析密码算法的方法，有助于研究人员更好地理解和分析密码算法。

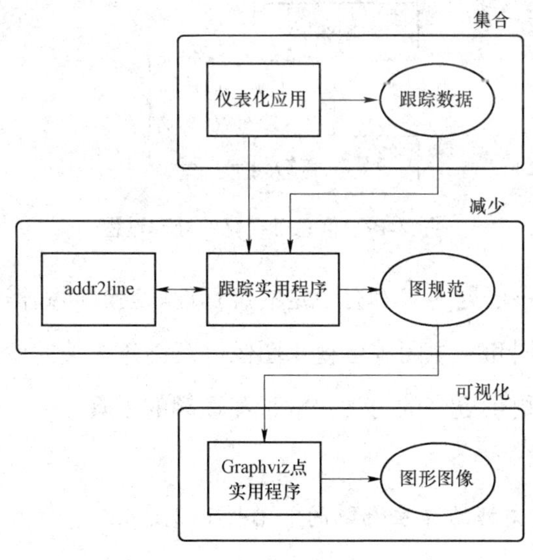

图 2-18　Graphviz 的工作流程

创建流程图和时序图等可视化图像：该研究进一步提出了使用Graphviz的命令和功能，建立的密码算法可视化模型生成流程图和时序图。这些图像可以清晰地描绘出算法的工作流程，以及各个步骤之间的关系。该方法可以使人们更加直观地了解密码算法的工作流程。另外，Graphviz软件已经提供了相应的功能和命令来生成这些图像，因此该步骤在技术上也是可行的。

创建Libgraph和Dynagraph库：该研究将生成的密码算法的可视化图像整理成Libgraph库，对于动态模型的可视化图像整理成Dynagraph库。这些库的建立可以为后续的研究提供方便的查询和参考。整理过程可以通过编程自动化实现，也可以手动进行。因此，该步骤在技术上也是可行的，信息可视化的处理过程如图2-19所示。

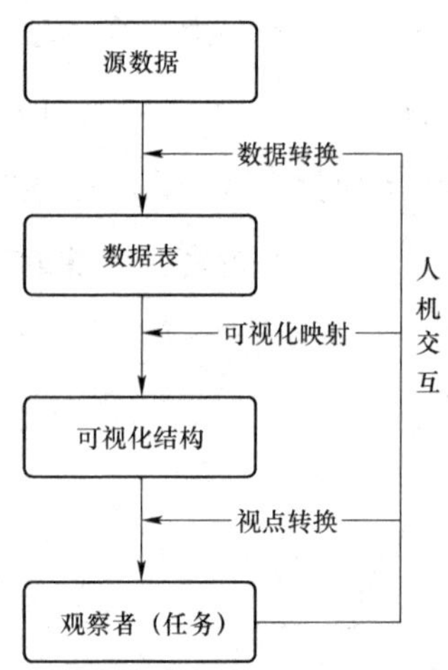

图2-19　信息可视化的处理过程

综上所述，该研究内容具有一定的可行性。通过明确需求、建立可视化模型、生成流程图和时序图等可视化图像以及创建相关的库，可以为密码学领域的研究人员提供更好的可视化解析和理解的工具。

（2）先进性

1. 密码相关文档的算法抽取的前沿性和先进性

使用感知技术和BERT预训练模型进行文档处理和自然语言处理：这

种方法在自然语言处理领域相对前沿，可以有效地将文档中的文字转化为计算机可识别的格式，为后续的算法步骤和关键算法表示的提取提供了基础。

关键算法和步骤智能抽取：通过训练模型来实现关键算法和步骤的智能抽取，这种方法在密码学领域相对较少见，具有一定的创新性。该方法可以利用机器学习算法，如决策树、支持向量机（SVM）、随机森林等，进行模型的训练，从而自动识别并提取文档中的算法步骤和关键的算法表示。

数据分析和可视化：通过 Python 的 Pandas 库、Matplotlib 库等，进行数据清洗、数据分析、数据可视化等操作，这种研究方法在密码学领域也是相对少见的，可以为后续的密码学研究提供有力的支持。

2. 密码算法的规范化表示的前沿性和先进性

定义基本单元：基本单元包括轮函数（F 函数或 R 函数）、S 盒（Substitution box）、P 盒（Permutation box）、异或（XOR）、模加等操作的定义，这种方法可以清晰地表达各种密码算法的主要部分，对于密码算法的规范化表示具有重要作用。

建立规范化表示：对每个基本单元定义其输入、输出和处理方式，并按照规范化表示的方式将这些基本单元连接起来，从而将密码算法分解为这些基本单元，这种方法可以为后续的密码学研究提供有力的支持。

分析和评估：通过使用规范化表示，可以清晰地看到密码算法的设计思路和实现过程，从而更容易地分析其安全性和效率。例如，可以分析 AES 的轮函数数量、S 盒和 P 盒的使用次数，以及整体的处理时间，从而评估其性能。还可以分析其 S 盒和 P 盒的设计，以及密钥的使用方式，来评估其安全性。这种方法可以为密码算法的设计和评估提供有力的支持。

3. 密码算法图形化解析的前沿性和先进性

使用 Graphviz 建立密码算法的可视化模型：Graphviz 是一个开源的图形可视化软件，主要用于绘制各种类型的图形。针对每一种密码算法，使用 Graphviz 建立一个对应的图形模型，可以准确地反映算法的结构和流程。这种方法可以为密码算法的可视化表示提供有力的支持。

创建 Libgraph 和 Dynagraph 库：将生成的每一种密码算法的可视化图像整理成 Libgraph 库和 Dynagraph 库。这种方法可以为后续的密码学研究和应用提供有力的支持。

第3章　基于Selenium的密码文献数据采集检索技术

随着互联网和 AI 智能的快速发展，密码文献数据作为信息安全领域的重要资源，对于学术研究、技术开发以及政策制定等方面都具有极其重要的意义。然而，传统的文献数据采集方式在效率、准确性、及时性、数据来源多样性以及后续的数据处理和分析方面都存在明显的缺点。随着技术的发展，基于 Selenium 的数据自动化采集方式正在逐渐取代这些传统方法。在国内外密码文献这一特殊领域，由于密码文献的特殊性和敏感性，传统的数据采集存在无法应对反爬机制等问题，另外，现有的检索技术无法实现密码文献的内部特征的检索。

本章研究并实现基于 Selenium 的密码文献数据采集与检索技术，对于提升密码学及相关领域的研究效率具有十分重要的意义。数据采集通过自动化 Selenium 框架实现，能够对目标网站中密码文献数据实现自动化爬取并存储到数据库中，包括网页分析，爬虫程序编写，多线程加速爬取和数据存储到数据库。检索采用 SpringBoot 和 Vue 集成的 Web 系统实现，包括用户的登录地和 IP 的记录，用户检索历史记录，文献详情跳转，文献收藏，数据库文献统计分析和文献下载等功能。本章的研究主要有以下三个方面的意义：

第一，对于密码学和安全领域的研究人员，该技术通过自动化采集找到与特定主题词相关的文献，可以帮助他们高效地获取并检索文献，节省大量手动检索的时间。

第二，研究人员可以通过分析数据库中的大量文献数据，发现密码学研究趋势和潜在的研究课题，为其提供有价值的数据支持。还可以通过共享这些数据，促进不同领域和机构间的学术交流与合作，可以合作发现新的研究热点，推动社会发展进步。

第三，通过自动化采集数据，可以构建在线密码文献资源，帮助安全人员快速学习和掌握密码技术知识。

具体地，本章基于 Selenium 的密码文献数据采集与检索技术，通过 Selenium 框架的自动化操作功能，实现对目标网站中密码文献数据的自动抓取、存储以及高效检索。该技术的实现将有助于提高密码文献数据获取的效率，减少人工操作的繁琐和错误，为密码学及相关领域的研究提供更为便捷、高效的数据支持。综合运用 Selenium 框架、网页解析技术 Xpath、Spingboot 和 Vue 等各项技术，设计基于 Selenium 的密码文献数据采集检索技术。完成了包括 Selenium 数据自动化采集、用户文献检索、用户注册登录，检索历史记录、用户文献收藏、文献下载、文献详情跳转和数据库统计分析等功能。

本章组织结构如下：

第 3.1 节主要介绍本章研究背景、研究意义，并阐述本章具体研究内容。

第 3.2 节介绍 Selenium 数据采集的基础知识，并确定系统所需的前后端理论设计与技术框架，并对其进行简单介绍。

第 3.3 节主要进行详细的系统分析，包括用户需求分析、用户功能需求分析和系统可行性分析。在可行性分析中重点针对数据采集和文献检索两方面进行详细设计思想阐述。

第 3.4 节根据系统分析的结果，阐述系统的总体设计思想，包括设计原则、架构设计、模块设计和核心功能设计和数据库设计。

第 3.5 节详细描述系统实现过程，包括开发环境、核心功能和核心页面。在对核心功能描述的时候，结合配图更能清晰表达实现过程。

第 3.6 节主要进行系统的测试。包括系统的测试分类、功能测试和测试用例，重点描述测试的具体过程，并总结测试结果。

第 3.7 节总结本章，对基于 Selenium 的密码文献数据采集检索技术研究工作进行归纳总结，根据对所得结果与已有结果的比较总结存在的问题，并给出后续研究的建议。

3.1　研究背景和意义

3.1.1　研究背景

随着互联网技术的快速发展，大量学术资源、研究报告、技术文档等文献数据以电子形式存储在各类网站和数据库中。这些文献数据对于科研人员、学者、工程师以及广大读者来说，具有重要的参考价值。然而，由于网站结构的复杂性、数据格式的多样性以及访问权限的限制，有效地采集和检索这些文献数据成为一个亟待解决的问题。同时，随着信息安全和密码学领域的快速发展，密码文献数据成为研究人员不可或缺的重要资源。然而，由于这些数据通常存储在受保护的网站或数据库中，传统的数据采集方法难以满足高效、准确获取这些资源的需求。基于 Selenium 的自动化数据采集与检索技术应运而生，为研究人员提供了一种新的解决方案。

Selenium 作为一种流行的 Web 自动化测试工具，具有强大的浏览器模拟和页面元素操作能力，能够通过模拟用户操作实现对网页的自动化访问和数据采集。同时，Selenium 能够解决 JavaScript 渲染的问题，弥补了 request 爬虫的缺陷，使得 Selenium 采集数据变得高效准确。在密码文献数据采集与检索中，Selenium 可以模拟用户单击事件，实现对网页动态渲染的自动化采集。同时，Selenium 还可以结合自然语言处理、文本挖掘等先进技术，提高检索的准确性和全面性。

目前，已有一些研究人员开始探索基于 Selenium 的密码文献数据采集与检索技术。通过编写自动化脚本，利用 Selenium 模拟用户操作，实现对目标网站的登录、数据抓取和解析等功能。这些技术实现为后续的研究提供了宝贵的经验和参考。在实际应用中，基于 Selenium 的数据采集与检索技术已经在一些领域得到了应用。例如，在信息安全领域，研究人员可以利用该技术收集最新的漏洞信息、攻击案例和密码学研究成果等；在学术研究领域，研究人员可以获取相关领域的最新文献数据，支持其研究工作。

3.1.2 研究意义

随着互联网和人工智能的快速发展，信息安全、密码学等领域，密码文献数据是极其宝贵的资源。然而，传统的文献数据采集方式在效率、准确性、及时性、数据来源多样性以及后续的数据处理和分析方面都存在明显的缺点。但是基于 Selenium 的数据采集方式可以大幅提高数据采集的效率，减少人力成本，并降低数据错误率。

许多密码文献数据被存储在受保护的网站或数据库中，需要特定的访问权限才能获取。Selenium 能够模拟用户登录过程，从而突破这些访问限制，实现对受保护资源的自动化采集。这对于研究人员来说，意味着能够获取更多有价值的文献数据，支持其研究工作。通过自动化采集和检索密码文献数据，研究人员可以更加方便地获取他人的研究成果，并在此基础上开展进一步的探索和创新。这不仅有助于推动学术研究的进步，还能够促进不同领域和机构之间的学术交流与合作，共同应对各种安全挑战。

本章旨在研究基于 Selenium 的密码文献数据采集检索技术，通过 Selenium 自动化采集密码文献数据，将这些文献数据保存到数据库，后将这些数据渲染到 Web 端网页中，供用户高效检索使用。通过该技术的研究与实现，为科研人员、学者、工程师以及广大读者提供更加便捷、高效的文献数据获取方式，推动学术交流。基于 Selenium 的密码文献数据采集检索技术研究与实现对现实具有重要意义和理论价值，不仅能够帮助科研人员准确快速

地获取文献资源，还能通过对文献的统计分析，促进不同机构间的学术交流，推动科学进步。

3.1.3　具体内容

本章具体研究内容有以下两个方面：

Selemium 数据采集：通过 Selenium 技术实现文献数据的自动化采集。通过设置关键词，编写爬虫程序，对网站进行具体分析，使用网页解析技术 Xpath 获取目标数据，将获取到的数据封装成一个文献对象，保存到 Mysql 数据库中。

Web 用户检索：开发一个前后端分离系统，供用户方便、高效地检索数据。主要使用 Spingboot + mybatis 和 Vue 技术，其中，后端负责解析请求，返回响应数据，前端负责数据渲染，与用户交互。主要设计功能有用户注册登录、用户文献检索、文献收藏、文献下载、检索历史记录和数据库文献统计分析等功能。

3.2　基本理论与技术

本节主要介绍基于 Selenium 的密码文献数据采集检索技术研究与实现所依赖的各种技术。Selenium 数据采集使用到了 Selenium 自动化技术、python 多线程技术、网页解析技术和数据库存储技术；检索部分使用由后端 SpringBoot 框架和 Vue + ElementUI 组成的前后端分离系统，其中涉及了多种技术，包括 mybatis 的使用、Restful 风格的统一接口、前后端异步通信技术 Axios 以及定位要用到的第三方 API 接口。

3.2.1　Selenium 数据采集

基于 Selenium 的密码文献数据采集检索技术，采用 pyCharm 进行代码编写、Selenium 4 进行数据采集框架设计、Lxml 进行网页解析和元素定位，如表 3-1 所示。Selenium 是一个用于 Web 应用程序测试和自动化的强大工具。可以直接在浏览器中运行，模拟真实用户的操作，如点击、滚动、填表等，从而与动态网页进行交互，执行需要 JavaScript 加载的内容。Selenium 的主要特点和优势包括以下几个方面。

多浏览器支持：Selenium 支持多种主流浏览器，包括 Chrome、Firefox 和 Edge 等，这使得能够在不同的浏览器和操作系统上进行广泛的测试。

多语言支持：Selenium 支持多种编程语言，如 Python、Java、C#等，这为开发者提供了极大的灵活性。

自动化测试：Selenium 能够自动化执行测试用例，减少人工测试的时间和成本，提高测试效率。

模拟真实用户操作：Selenium 能够模拟真实用户的行为，从而测试网站或 Web 应用程序的功能和性能。

强大的元素定位功能：Selenium 提供了多种元素定位方法，如 id、xpath、css 选择器等，使得用户可以准确快速地定位到页面元素。

然而，Selenium 也存在一些缺点，如运行速度相对较慢（因为需要等待浏览器的元素加载完毕），以及需要适配不同的浏览器版本和类型（不同的浏览器或浏览器版本可能需要使用不同的驱动程序）。此外，一些安全性较高的大型网站可能会检测到 Selenium 的使用并采取相应的反爬措施。

总的来说，Selenium 4 是一个功能强大、灵活易用的 Web 应用程序测试和自动化工具，广泛应用于软件开发和测试领域。可以利用 Selenium 4 自动化测试工具，模拟真实用户在浏览器中的行为，如点击、滚动和输入等，从而抓取网页上的数据。这种方法特别适用于需要处理 JavaScript 动态渲染内容的网页，通过模拟用户操作，Selenium 4 可以触发 JavaScript 的执行并获取最终渲染的页面内容。

表 3-1　数据采集技术

技术	类型	版本	说明
pyCharm	开发工具	2023.2.5	代码编写工具
Selenium	自动化框架	4.16.0	数据采集框架
Lxml	网页解析技术	5.1.0	进行网页元素的定位

3.2.2　后端开发技术

实现本设计所需的后端技术如表 3-2 所示，具体介绍如下。

Spring Boot：基于 Spring 框架的快速开发框架，通过提供默认配置和约定大于配置的原则，极大地简化了 Java 应用程序的开发过程。通过自动配置和简化 Maven 配置，Spring Boot 使开发者能够更专注于业务逻辑的实现。

Mybatis：一款优秀的持久层框架，用于简化 JDBC 开发，通过注解方式将 SQL 语句与 Java 对象映射起来。MyBatis 支持自定义 SQL 语句、存储过程和高级映射，使得开发者能够更灵活地操作数据库。

Maven：一个流行的 Java 项目管理和构建工具，采用基于项目对象模型（POM）的概念来管理项目的构建、报告和文档。Maven 通过自动下载和管理项目的依赖关系，大大简化了项目的构建过程。

MySQL：一种开源的关系型数据库管理系统（RDBMS）。MySQL 以其高效、可靠和易用性而闻名，被广泛地应用于互联网应用领域。为了提高运行速度和灵活性，MySQL 可以将数据存储在不同的表内。

表 3-2　后端技术

技术	类型	版本	说明
IDEA	开发工具	2023.3.4	代码编写工具
SpringBoot	容器框架	3.2.5	Web 后台开发框架
Mybatis	ORM 技术	5.1.0	用于数据库 CRUD
Maven	项目管理	3.6.1	项目管理和构建工具
MySQL	数据库	8.0	数据库存储

3.2.3 前端开发技术

实现本设计所需的前端技术如表 3-3 所示。

表 3-3 前端技术

技术	类型	版本	说明
vscode	开发工具	1.89.1	代码编写工具
Vue	渐进式框架	2.6.10	Web 页面框架
ElementUI	界面美化框架	2.11.0	Web 页面组件美化
Node.js	js 运行环境	7.24.0	Vue 项目依赖环境
Axios	网络请求库	0.18.0	前后端数据通信

具体在本章研究中的作用如下。

Vue：一个用于构建用户界面的渐进式 JavaScript 框架。允许开发者通过组件化的方式构建复杂的 Web 界面，并提供了响应式数据绑定、模板解析和编译、路由管理等功能。

ElementUI 组件：一个基于 Vue.js 的高质量 UI 组件库，提供了丰富的 UI 组件和工具，如按钮、表单、表格、弹窗等。这些组件具有高度的可定制性和良好的响应式布局能力，开发者能够轻松构建出优雅的用户界面。

Axios：一个基于 Promise 的 HTTP 客户端，用于在浏览器和 node.js 中发送 HTTP 请求。支持异步请求和拦截器等功能，可以方便地处理网络请求和响应。

3.3 系统分析

3.3.1 需求分析

随着网络信息化程度的不断提高，密码文献数据量迅速增长，人工检索

和采集这些数据变得效率低下且容易出错。因此，需要开发一个基于 Selenium 的自动化数据采集检索系统，以提高工作效率和准确性。本节主要对基于 Selenium 的密码文献采集和检索系统的设计进行需求分析，主要包括以下部分：

用户功能需求分析：本设计应具备 Selenium 文献数据自动化采集功能、用户登录（记录用户登录 IP 地址和城市定位）注册功能、文献条件检索功能、文献收藏功能、文献数据库统计分析功能、检索历史记录功能和文献下载功能。

用户体验需求分析：设计直观、易用的用户界面，使用户能够轻松地使用系统进行文献检索和浏览。优化用户与系统之间的交互方式，以提高用户体验如输入搜索关键词、查看采集结果等。

性能需求分析：系统应具备良好的稳定性，数据采集和检索过程应尽可能快速，提高采集效率。还应具备良好的可扩展性，方便后续添加新的数据源或修改现有功能。同时确保系统能够在不同的浏览器上正常运行。

安全性需求分析：确保采集到的数据在传输和存储过程中不被泄露或篡改。定期对系统进行安全检查和漏洞修复，确保系统免受恶意攻击和病毒侵害。

3.3.2　用户功能需求

基于 Selenium 的密码文献数据采集和检索功能主要为科研人员以及科研机构等科研工作服务，功能需求如下：

密码数据采集：系统会根据指定的关键词去源网站自动化采集相关的文献数据，在此过程中，要求采集响应过程应尽可能地快，避免用户等待时间过久，且采集功能必须足够稳定，这样才能提高采集效率。

用户注册登录：用户注册：按要求输入正确的信息完成注册，自动跳转到登录界面输入正确的账号与密码；用户登录：输入账号和密码，验证通过后，后台会获取当前设备的 IP 以及根据 IP 查询当前城市定位，并将这些数据写入数据库中。系统还会将用户的部分信息写入本地存储 localStorage 中，方便系统中使用。

文献检索：用户可以根据不同的筛选规则，如标题、作者、发布机构和关键词去输入词条检索目标文献记录，结果会以分页查询的结果显示出来，供用户方便检索。

文献收藏：用户如果需要后续频繁使用指定文献，便可以使用文献收藏的功能将文献保存在收藏中心，方便后续用户直接跳过检索，直接使用文献。

检索历史查询：当用户每次检索的时候，系统会将检索记录和检索规则保存，供用户后续使用。

文献数据库统计分析：使用分词器统计分析数据库中文献的分类，了解近期的研究热点以及研究趋势。

文献下载：通过设置文献下载路径并输入文献的编号，根据编号查询文献的详细地址，再使用 Selenium 技术自动完成网页超时验证和模拟 ip 登录，最终完成文献的下载。同时会根据下载路径，自动扫描本地的文献文件，将其展示在页面中供用户查看。

3.3.3 系统可行性

本节主要分析系统可行性，主要体现为技术理论可行性分析。由于是基于 Selenium 的密码文献数据采集检索技术研究，包括数据采集和检索两大模块，详细分析如下：

3.3.3.1 数据采集功能可行性

首先，Selenium 框架目前已支持多种操作系统，包括 Windows、Linux、Mac 等，意味着用户可以根据自己的操作系统选择相应的版本，保证了在不同操作系统环境下都能够正常运行。

其次，Selenium 具有非常强大的数据采集功能。在进行数据采集时，可

以解决常规 Requests 无法解决的 js 动态渲染问题，提高数据采集的准确性和完整性。

只需要在进行数据前花费一定的时间和精力来学习这部分技能，从而发挥 Selenium 强大的数据采集功能。但是也有一个缺点，由于需要驱动浏览器去执行 JavaScript 脚本，因此比其他数据采集工具需要花费更多的时间，响应速度也比较慢，为此，在程序中引入多线程模块，采集使用多线程技术加速采集，弥补了驱动浏览器执行脚本导致响应慢的缺点。

最后，在使用 Selenium 进行数据采集时，需要遵守目标网站的 robots.txt 协议和相关法律法规。如果数据采集行为不当，可能会被封禁 IP 地址或面临法律纠纷，务必确保自己的行为符合法律规定。

3.3.3.2　Web 检索功能可行性

在密码文献采集检索技术研究中，每种技术都有重要的作用：Spring Boot 将作为后端服务的核心框架，负责提供 RESTful 格式的 API 供前端调用，如用户注册登录、文献检索请求、文献下载请求等用户其他请求。通过 Spring Boot 的自动配置和集成功能，可以快速搭建起稳定、可靠的后端服务。

Maven 通过编写 POM 文件，可以定义项目的依赖关系、构件配置和插件等。Maven 将自动下载和管理项目所需的依赖库，并生成可执行的 JAR 包或 WAR 包。这样，开发者就可以方便地构建和部署项目，确保项目的一致性和可维护性。

MySQL 将用于存储密码文献的采集结果和用户相关数据。通过设计合理的数据库表结构，可以高效地存储和管理这些数据。同时，MyBatis 框架将用于实现 Java 代码与 MySQL 数据库之间的交互。

Vue 可以用于构建用户友好的前端界面，如文献搜索、结果展示和交互操作等。通过 Vue 的组件化开发，可以方便地构建出模块化、可复用的代码，提高开发效率。

ElementUI 组件可以用于快速构建出美观、实用的前端界面。通过使用 ElementUI 提供的 UI 组件，可以节省大量开发时间，并且保证界面的稳定性和用户体验。

Axios 可以用于实现前端与后端的数据交互。通过发送 HTTP 请求到后端服务器，可以获取用户请求的相关数据，如用户登录信息、文献标题、作者、摘要等。同时，Axios 还支持拦截器功能，可以在请求发送前或响应返回后进行一些预处理或后处理操作，处理错误等。

3.3.3.3 总体数据流向

在基于 Selenium 的密码文献数据采集检索技术架构中，数据采集使用 Selenium 实现，后端服务采用 Spring Boot 框架进行开发，前端页面采用 Vue.js 进行开发。在前后端之间进行数据交互时，使用 Axios 库进行数据请求和响应。

综上，本系统在理论设计方面是完全可行的。整个系统的整体设计流程如图 3-1 所示。

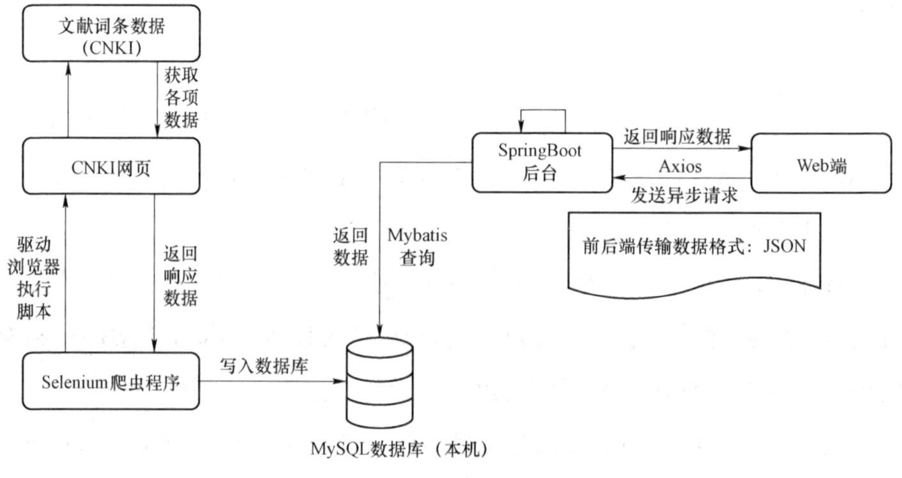

图 3-1　系统整体设计流程图

3.4　系统设计

3.4.1　设计原则

随着信息系统的飞速发展，软件设计也涉及一系列的原则和策略，为保证软件的稳定性和易维护性。本书系统主要遵循以下原则设计：

模块化：将软件系统划分为一系列独立的可操作模块，每个模块都负责指定的功能，不但能降低系统的复杂性，还有助于提高软件的拓展和维护性。

高内聚和松散耦合：通过实现松散耦合和高内聚，可以降低模块之间的耦合度，使得软件更加灵活和易于维护。

可扩展性：软件系统在需求变化时能够容易地进行扩展，以便在未来需求变化时能够轻松地添加新功能或修改已有功能。

可靠性和健壮性：可靠性是指软件系统在各种情况下都能够正常运行。健壮性则是指软件系统在遇到异常情况时能够稳定地运行，出现错误及时给出错误提示。为此，需要对系统进行全面的测试，确保系统稳定运行。

简洁性和可维护性：简洁性指软件架构和代码应该简洁，表达准确，易于阅读和理解，可维护性指软件应该易于维护和修复。需要遵循良好的编码规范，采用清晰的命名以及注释来保证简洁性和可维护性。

3.4.2　系统架构

遵循软件设计原则，为保证系统在实现完整功能的基础上，将系统分为两部分来设计：Selenium 数据采集模块；用户检索模块。

Selenium 数据采集模块主要使用 Selenium 技术实现根据指定关键词自动化采集指定网站的密码文献数据，并将其保存到 MySQL 数据库中；用户检索模块采用 SpringBoot + Vue 技术作为后端与前端主要框架，设计并开发一个简洁且高效的便于与用户交互的界面系统，通过前后端分离系统，充分降低系统耦合度，提高系统可维护性和可扩展性。

综上所述，本系统的总体系统架构设计如图 3-2 所示。

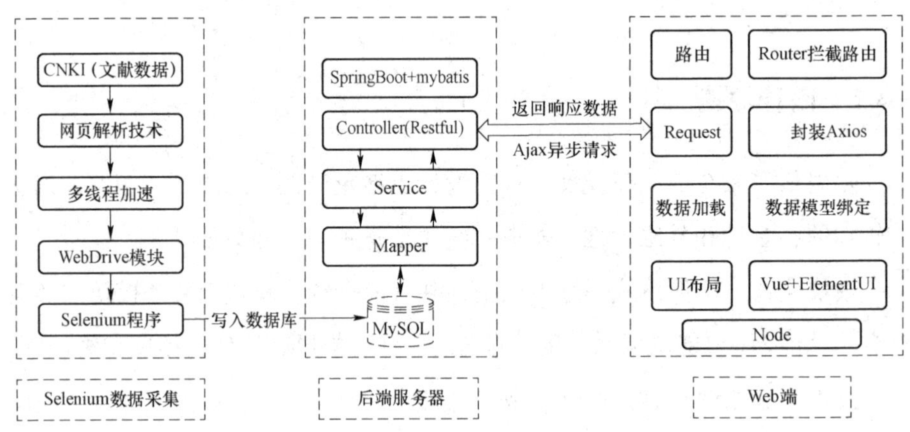

图 3-2　总体系统架构设计实现

3.4.3　系统模块

系统的总体功能包括七大功能，分别是 Selenium 数据采集、用户登录注册、用户文献检索、用户文献收藏、用户检索历史记录分析，文献数据库分析和用户下载中心模块。系统总体模块设计如图 3-3 所示。

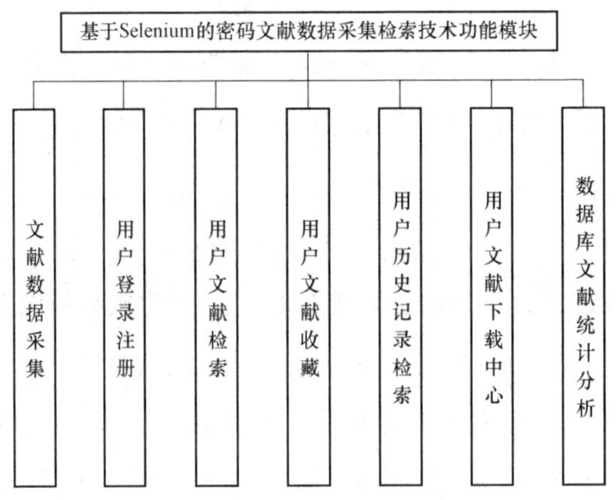

图 3-3　系统总体模块设计

3.4.4　核心功能详细设计

3.4.4.1　Selenium 采集模块

Selenium 是一种常用网页自动化测试工具，能够模拟用户的各种操作，与网页进行交互，采集模块流程如图 3-4 所示。

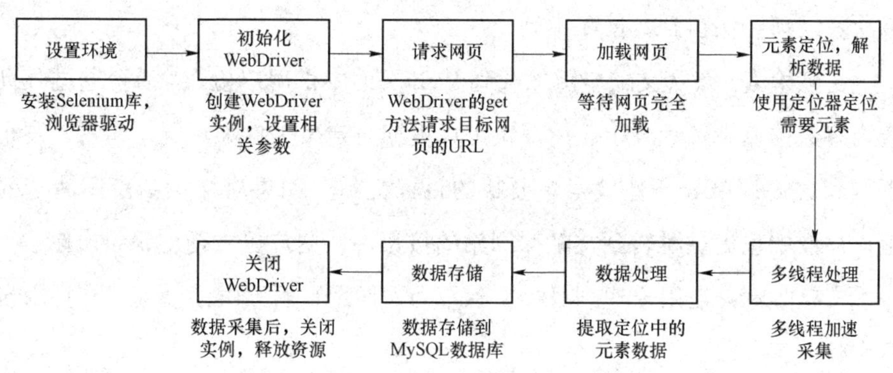

图 3-4　Selenium 采集模块流程图

Selenium 数据采集模块具体介绍如下：

加载浏览器驱动：Selenium 的核心组件是 WebDriver，负责与浏览器进行交互，这里选择的是 Edge 浏览器，故需要设置对应的 WebDriver。

网页数据提取：使用常用 Xpath 作为网页解析技术。

多线程爬取：为提高数据采集效率，使用多线程技术并发处理多个任务，通过合理设置线程池的大小，确保每个线程负责打开一个网页进行稳定的数据采集。

数据规范化：通过 Xpath 定位技术获得数据后，对数据进行统一处理，方便后续数据保存到数据库中。

保存数据：引入第三方库 pymysql，对数据库进行初始化连接，确保与数据库稳定连接，保证保存数据过程不会出现异常。

3.4.4.2 Web 端功能

Web 端主要为用户检索提供更方便、简洁的交互界面，包括如下功能：

用户注册/登录：用户按提示输入正确的信息，点击注册按钮，如果账号不存在则完成注册，否则会提示用户账号已存在，重新输入账号；用户通过正确输入账户密码进入系统，如果账号验证通过，后台会根据登录调用脚本和百度第三方定位接口获取用户所在公网 IP 地址和地理位置(精确到市级)，每次登录都会保存到数据库中。

文献检索：默认文献全部加载到 Web 页面中供用户检索，后台通过分页查询将数据渲染到列表中。用户也可以根据自定义条件如标题、作者、发布机构和关键词来分条件检索想要找的目标文献。如果对文献信息不清楚的话，界面中也提供跳转到文献原网站的按钮，供用户更方便地筛选文献。

文献收藏：当用户找到目标文献，为方便用户后续继续使用，支持用户将文献一键收藏。

文献数据库分析：通过对文献数据库的分析，统计数据库中各种文献的占比，了解当前研究的热点以及趋势。

用户检索历史记录：每次用户检索完成后，系统会将检索记录与检索时间一起保存到数据库，供用户后续搜索。

用户下载中心模块：通过配置下载路径文件和输入要下载的文献编号，系统会调用 Selenium 编写的程序自动完成网页超时验证和模拟 Ip 登录，最终完成文献的下载。同时会根据配置的下载路径，自动扫描本地的文献文件，将其展示在页面中供用户查看。

Web 端功能设计如图 3-5 所示。

3.4.5 数据库设计

本节主要对系统中涉及的数据库进行合理设计，包括 E-R 图设计和数据表字段两部分。

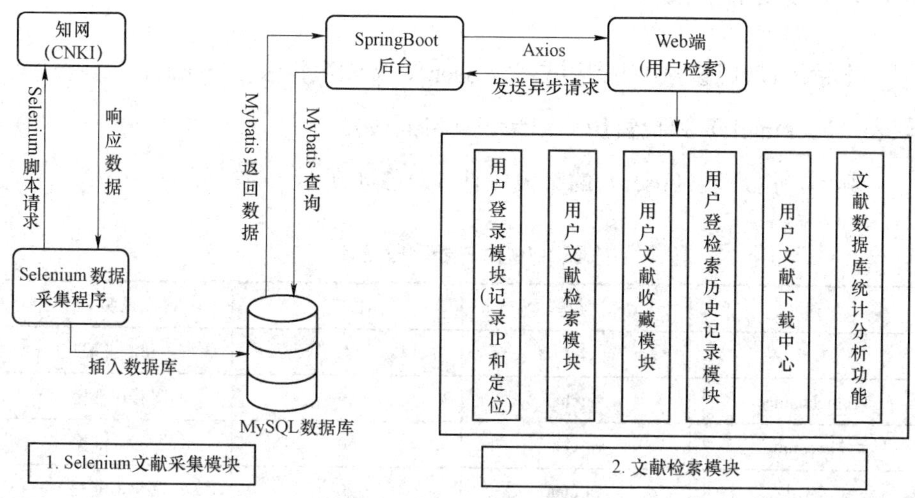

图 3-5 web 端功能模块设计

3.4.5.1 E-R 图

数据库的 E-R 图设计如图 3-6 所示。

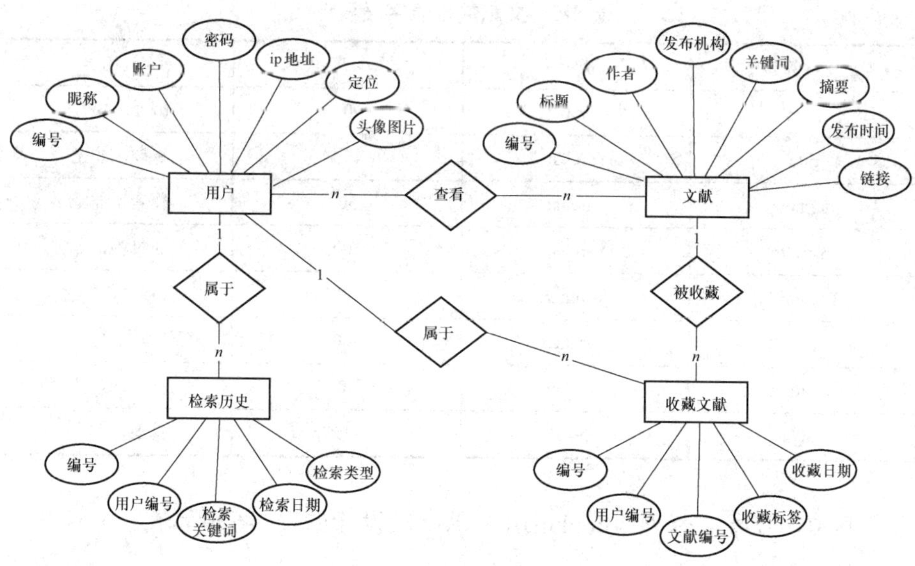

图 3-6 数据库 E-R 图设计

3.4.5.2 数据表字段

本系统设计过程中共有用户表（user）、文献数据表（literature）、收藏文献表（bookmark）和检索历史记录表（history）。

其中，用户表（user）的字段设计如表 3-4 所示。

表 3-4 用户表字段设计

列名	类型	长度	说明
id	int	1	id，主键
nickname	varchar	50	昵称，非空
account	varchar	50	账号，非空
pwd	varchar	20	密码，非空
ip	varchar	20	ip 地址，非空
location	varchar	255	位置，非空
imgurl	varchar	50	头像图片名称

其中，文献数据表（literature）的字段设计如表 3-5 所示。

表 3-5 文献数据表字段设计

列名	类型	长度	说明
num	int	0	编号，主键
title	varchar	100	标题，非空
author	varchar	50	作者，非空
institute	varchar	300	发布机构，非空
keyword	varchar	100	关键词，非空
link	varchar	300	文献原链接，非空
data	varchar	30	发布日期，非空
zhaiyao	text	65，535 字节	摘要，非空

其中，收藏文献表（bookmark）的字段设计如表 3-6 所示。

表 3-6　收藏文献表字段设计

列名	类型	长度	说明
id	int	0	id，主键
uid	int	0	用户 id，非空
lid	int	0	文献 id，非空
type	varchar	255	文献分类，非空
riqi	varchar	50	收藏日期，非空

其中，历史记录表（history）用户表的字段设计如表 3-7 所示。

表 3-7　历史记录表字段设计

列名	类型	长度	说明
id	int	0	Id，主键
uid	int	0	用户 id，非空
word	varchar	30	检索记录，非空
riqi	varchar	30	检索日期，非空

3.5　系统实现

3.5.1　系统开发环境

操作系统：基于 windows10 系统开发完成

PyCharm：2023.2.5

Python 解释器：3.12（64-bit）

IDEA：2023.3.4

JDK：使用 17 版本

Navicat：数据库图形化界面使用 Navicat Premium 15 进行操作。

3.5.2 具体功能实现

本节主要对 Selenium 数据采集功能、用户注册登录功能、文献条件检索功能、文献收藏功能、检索历史记录功能、数据库文献分析功能和文献下载功能作详细介绍。

3.5.2.1 Selenium 数据采集

基于 Selenium 的密码文献数据采集与检索技术的 Selenium 数据采集模块是一个关键组成部分，负责自动化地访问目标网站或系统，模拟用户行为，并提取所需的密码文献数据。以下是关于 Selenium 数据采集模块的详细介绍：

利用 Selenium 库提供的强大功能，通过模拟真实用户操作，如点击按钮、填写表单等，来访问和检索目标网站或系统中的密码文献数据。该模块可以与其他模块（如登录模块、检索模块）协同工作，以完成整个数据采集与检索流程。

实现：首先，需要安装 Selenium 库和相应的 WebDriver（如 ChromeDriver）。WebDriver 是 Selenium 与浏览器进行交互的桥梁，用于控制浏览器的行为 Selenium 数据采集模块通过控制浏览器执行各种操作，如打开网页、导航到特定页面、填写表单、点击按钮等。通过模拟用户行为，模块可以绕过 JavaScript 动态加载的内容，获取到完整的网页数据。利用 Selenium 提供的元素定位方法（如 id、name、class name、xpath 等），精确地定位到网页中的目标元素，并提取出所需的密码文献数据。这些数据可以包括文献标题、作者、摘要、链接等。为了提高数据采集的效率和速度，模块支持多线程/多进程采集。通过创建多个线程或进程来同时访问和采集多个目标网页，可以大幅度缩短数据采集的时间，最后将这些数据保存到 MySQL 数据库中。核心代码如图 3-7 所示。

```
driver.get("https://kns.cnki.net/kns8/AdvSearch")
# 传入关键字
WebDriverWait(driver, timeout: 100).until(
    EC.presence_of_element_located((By.XPATH, "//*[@id='gradetxt']/dd[1]/div[2]/input"))).send_keys("密码算法")
# 点击搜索
WebDriverWait(driver, timeout: 100).until(EC.presence_of_element_located(
    (By.XPATH, "//*[@id='ModuleSearch']/div[1]/div/div[2]/div/div[1]/div[1]/div[2]/div[3]/input"))).click()
# 等待搜索结果
time.sleep(3)
# 获取总文献数和页数
res_num = WebDriverWait(driver, timeout: 100).until(EC.presence_of_element_located(
    (By.XPATH, "/html/body/div[2]/div[2]/div[2]/div[2]/div/div[1]/div/div[1]/span[1]/em"))).text
# 去除千分位的逗号
res_num = int(res_num.replace( __old: ",", __new: ""))
real_num = num if res_num > num else res_num # 获得需要获取的目标篇数
```

图 3-7　Selenium 采集关键代码

3.5.2.2　文献条件检索

文献检索模块允许用户设置各种检索条件，如标题、作者、发布机构和关键词等。这些条件可以通过输入框和下拉列表设置。当用户填写好检索条件后，点击 Web 页面中的检索按钮，前端会将表单的数据重新封装成条件，通过 Axios 异步通信的优点，将检索请求发送到系统后台，系统后台会根据检索条件去查询符合条件的文献数据，将查询到的结果通过封装成 json 数据再返回给 Web 页面，只需要解析返回的网页内容，提取出检索结果的相关信息，如文献标题、作者、摘要、链接等。

由于检索结果可能数量过多，所以在后端查询都是以分页条件查询的，前端通过点击页面中的分页组件，获取所有页面的检索结果。在检索过程中，可能会遇到各种异常情况，如网络错误、页面加载超时、元素定位失败等。文献检索模块会进行异常处理，确保检索流程能够正常进行。分页查询的核心代码如图 3-8 所示。

3.5.2.3　文献收藏功能

用户通过点击文献列表中某条记录，执行 addFavorite（scope.$index，scope.row）方法，该方法中的参数 row 即包含该条文献记录的所有数据，如编号、标题、作者、发布机构、发布时间、关键词、详情链接等。只需要拿

```java
// 查询所有
@GetMapping("/{currentPage}/{pageSize}")
public DataFormat queryByPage(@PathVariable Integer currentPage, @PathVariable Integer pageSize){
    System.out.println("queryByPage:"+currentPage+"   " +pageSize);
    pageBean<Literature> pagebean = service.selectByPage(currentPage, pageSize);
    return new DataFormat( flag: pagebean != null,pagebean);
}

// 分页关键词查询 ,并将搜索记录写入数据库
@GetMapping("/{type}/{key}/{currentPage}/{pageSize}")
public DataFormat queryByPageAndKey(@PathVariable String type,@PathVariable String key,@PathVariable Integer
    System.out.println("queryByPageAndKey:"+ type+" "+key+" "+currentPage+" " +pageSize);

    pageBean<Literature> pagebean = service.selectByPageAndKey(type,key,currentPage, pageSize);
    return new DataFormat( flag: pagebean != null,pagebean);
}
```

图 3-8　分页查询以及分页条件查询代码

到这些数据去重新封装一个 Bookmark 对象，通过 const res=await BookmarkApi.addFavorite（this.Bookmark）将请求发送给后端，后端使用对应的 pojo 实体类解析 Bookmark 对象，通过 Controller 去调用 Service 接口，Service 再调用 Dao 层对应接口，将 Bookmark 对象插入保存的对应的数据库，并将插入成功的消息返回给 Web 端，方便提示用户收藏成功。

3.5.2.4　数据库文献统计分析

文献统计分析功能是通过 hanlp 分词器实现的。HanLP 是一个由一系列模型和算法组成的 Java 工具包，不仅提供分词功能，还包含词法分析、句法分析、语义理解等完整的功能，在 Java 项目中引入 HanLP 的依赖。通过在项目的构建配置文件中 pom.xml 或 Gradle 添加 HanLP 的依赖来完成。

主要原理：通过 HanLP.newSegment()方法来创建一个分词器实例。使用分词器实例的 seg()方法可以对文本进行分词。通过配置自定义词典，确保某些关键词被分割。该方法接受一个字符串作为输入，并返回一个包含分词结果的列表。列表中的每个元素都是一个 Term 对象，表示一个分词结果。可以使用 Java 的 for-each 循环来遍历分词结果列表，并打印出每个分词结果。

实现过程：通过数据库查询文献的关键词属性，将查询结果以字符串的形式保存在文本文件中，调用对应方法读出文本文件保存在 String 对象中，将其作为 seg()方法的输入，同时配置自定位词典，执行 Hanlp 分词统计的方

法，返回 Map<String，Integer>类型的对象，前者表示关键词，后者表示出现的次数。

3.5.2.5　用户注册登录功能

用户登录：用户通过正确输入账户密码进入系统，如果账号验证通过，后台会根据登录调用脚本和百度第三方定位接口获取用户所在公网 IP 地址和地理位置（精确到市级），每次登录都会保存到数据库中。

获取公网 IP 地址和地理位置的实现过程：

获取公网 IP 地址：使用 requests 库的 get 请求去请求第三方网站 http://ip-api.com/json，该网站会返回一个含有公网 IP 地址等信息的 json 对象，解析后会得到公网 IP 地址。将.py 文件打包成.exe 可执行文件，复制到 java 工程的指定目录中，代码中通过创建一个 ProcessBuilder 对象，指定 exe 的绝对路径，获得返回结果即可得到公网 IP 地址。

获取地理位置：使用百度地图开放平台的普通 IP 定位 API（https://api.map.baidu.com/location/ip），将获得的 Ip、ak 和 coor 作为输入参数，执行 API 文档中的方法，返回 json 对象，解析获得城市定位结果。

用户注册：在用户注册界面，通过输入对应的信息，包括用户头像，用户昵称，用户账户（参考手机号码）和用户密码，通过提交表单的方式将这些信息封装到 user 对象中，发送给后端 Controller，后端解析并赋值给 user 实体对象，调用注册的接口将用户的基本信息写入数据库中，达到用户注册的功能。

其中核心是用户头像的上传功能。具体实现过程就是：前端界面调用 elementUI 组件中的 el-upload 文件上传组件，选中图像文件自动调用文件保存接口，发送文件到后端，后端为了防止重名覆盖，获取系统时间戳+原始文件的后缀名并重命名保存在 Web 项目中的指定文件夹中，同时后端会将重命名后的文件名称返回给前端请求，前端会根据返回的名称重新加载图片，显示在注册的页面中。用户头像的上传代码如图 3-9 所示。

```java
// 判断文件是否为空
if(file.isEmpty()){
    return new DataFormat( flag: false, data: null, msg: "文件上传失败");
}
// 获取传过来的文件名字
String OriginalFilename=file.getOriginalFilename();
// 为了防止重名覆盖，获取系统时间戳+原始文件的后缀名
String fileName=System.currentTimeMillis()+"."+OriginalFilename.substring( beginInd
// 设置保存地址（这里是转义字符）
String path = "D:\\BiYeSheJi\\CodeSystemSearchWeb\\src\\assets\\img\\touxiang\\";
File dest=new File( pathname: path+fileName);
// 判断文件是否存在
if(!dest.getParentFile().exists()){
    // 不存在就创建一个
    dest.getParentFile().mkdirs();
}
```

图 3-9　用户头像图片的上传代码

3.5.2.6　用户下载中心功能

该功能主要为用户提供文献的下载接口，具体实现过程：通过输入文献编号（num）和配置文献下载路径文件（txt），自动调用文献下载接口，该接口根据文献编号查询获得文献链接(link)，后执行基于 Selenium 的下载接口，如果下载路径为空，则使用浏览器默认下载路径，该接口能够解决知网超时验证以及网页登录的困难，其中涉及滑块验证码和页面权柄的交换等困难，最终实现指定文献自动下载的功能，当然前提是文献能够免费下载。实现该接口有以下两个难点需要解决：

1. 文献保存路径传参问题，由于路径中含有特殊字符“\”，如果使用 get 方式的请求，后端则无法接收到来自 Web 端对应的请求，故使用 post 的传参方式，将文献编号（num）和下载路径（path）封装成一个 json 对象，通过 post 方式传给后端，后端才能正确解析 num 和 path。

2. 如何在前端设置文献保存路径：出于安全考虑，浏览器不允许 JavaScript（包括 Vue.js）访问用户文件系统中的具体路径。意味着直接从前端获取用户上传文件夹的完整系统路径是不可能的，因为涉及安全和隐私的问题，目前只支持上传单个文件。为了解决该困难，我采用上传配置文件的方式实现路径的设置，将文献保存路径写入 txt 文件中，Web 端使用 el-upload 组件上传该 txt 文件，后端接收到该文件后读出文件内容，并在上传成功时

利用组件的 on-success 函数将其返回，赋值给 path 对象，并将 txt 配置文件重命名保存前端目录中。这样就解决文献路径设置问题，每次只需要修改 txt 文件的内容，输入文献编号，就能实现文献的下载。

同时会根据配置的下载路径，自动扫描本地的文献文件，将其展示在页面中供用户查看。其中，文献下载流程如图 3-10 所示。

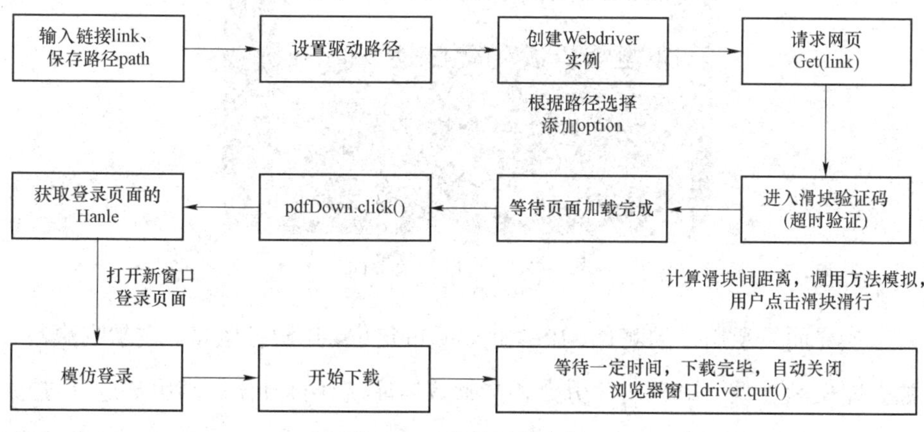

图 3-10　文献下载流程

3.5.3　系统核心页面

用户注册页面如图 3-11 所示。

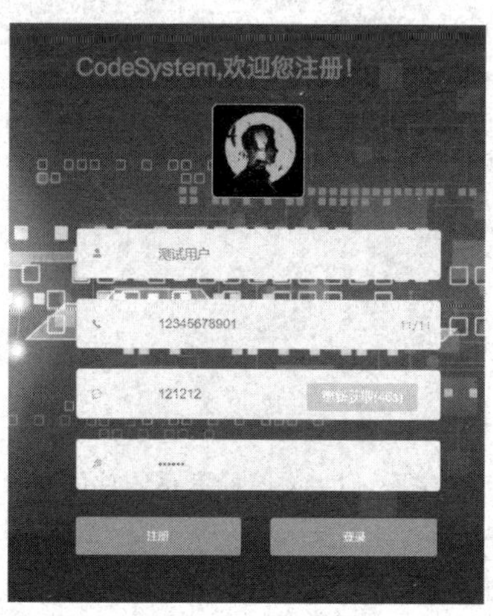

图 3-11　用户注册页面

用户登录页面如图 3-12 所示。

图 3-12　用户登录页面

该界面显示用户的昵称、IP 地址、城市定位、用户搜索量、文献收藏数、数据库文献总数、用户搜索历史和文献数据库统计百分比。当用户进行过检索和收藏等操作后，首页会将这些信息实时显示到页面中，文献检索系统首页如图 3-13 所示。

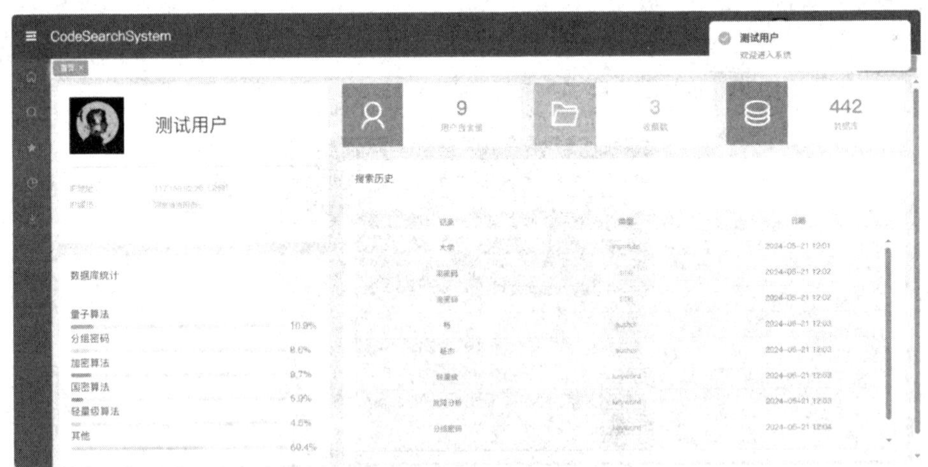

图 3-13　文献检索系统首页

文献检索中心页面如图 3-14 所示。

文献收藏页面如图 3-15 所示。

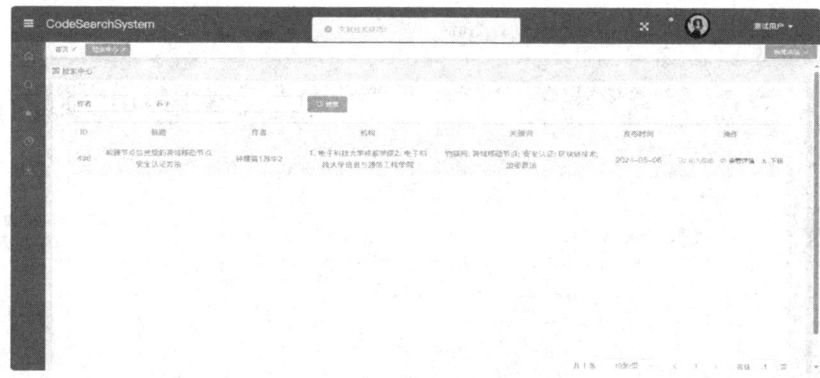

图 3-14　文献检索中心页面

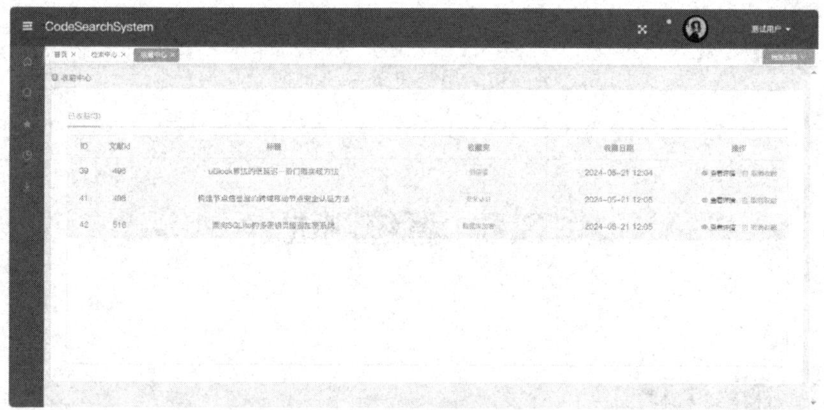

图 3-15　文献收藏页面

数据库文献统计分析页面如图 3-16 所示。

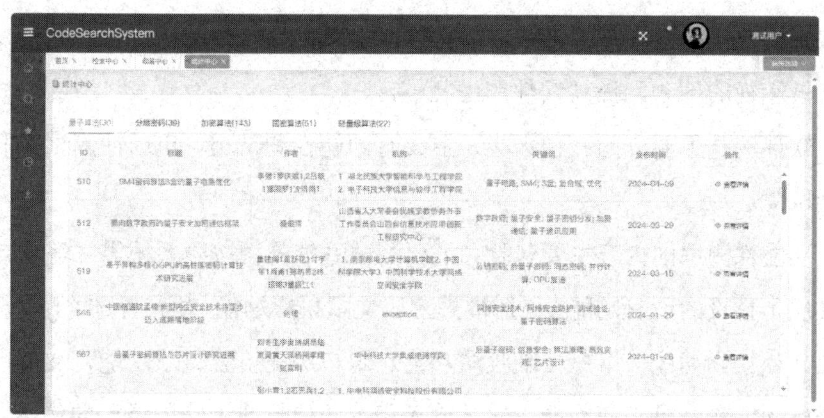

图 3-16　文献统计分析页面

用户下载中心页面如图 3-17 所示。

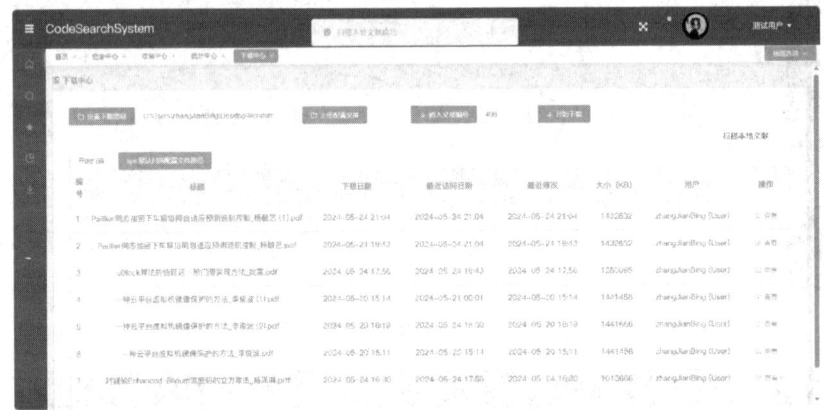

图 3-17　用户下载中心页面

3.6　系统测试

3.6.1　测试分类

系统测试是整个软件系统中不可或缺的一部分，也是最为重要的一部分，系统检测的主要目的是判断系统是否能够正常运行，功能模块是否能够正常操作，代码程序是否报错。系统检测能够提高软件的质量，检测开发过程中被忽视的部分，提高软件的健壮性。

软件测试主要分为三种大类，主要有功能性测试类、集成性测试类和性能测试类。

功能性测试的内容主要包括：主要测试系统是否按照系统需求等规定正确实现了预设的所有功能。包括检查密码文献采集功能、用户注册登录功能、用户文献检索功能、用户文献收藏功能、用户历史检索记录功能，文献数据库分析功能和文献下载功能。通过输入相关的信息或者输入错误的信息，检查系统是否出现异常、数据传输是否出错、系统是否崩溃和出现的结果是否

是用户想要的结果。以此来测试系统的功能是否完成。

集成性测试的内容主要是有：通过用户使用系统来测试系统之间的各个模块之间能否按照预设逻辑稳定运行，包括许多函数和接口等。验证不同模块之间的接口是否工作正常最后检测整个系统的运行流程是否符合设计，以及能否满足用户的使用逻辑等。

性能测试的内容主要包括：准备足够的测试数据，包括各种类型的查询条件、预期的检索结果等。主要测试系统的检索速度、响应数据准确性、系统稳定性等。

3.6.2　主要功能测试

3.6.2.1　功能性测试

基于 Selenium 的密码文献采集检索技术的功能性测试是确保系统是按照系统需求等规定正确实现了各项功能的测试手段。

主要验证密码文献采集检索系统是否按照预期实现了所有指定的功能，包括密码文献采集功能、用户注册登录功能、用户文献检索功能、用户文献收藏功能、用户历史检索记录功能，文献数据库分析功能，文献下载功能。

经过测试，所有功能均已实现且稳定运行。

3.6.2.2　集成性测试

在基于 Selenium 的密码文献采集检索技术研究中，集成性测试是确保不同模块或组件在组合后能够按照预期协作运行的重要阶段。

确定集成测试的范围，包括需要测试的模块、功能、接口等。验证不同模块之间的接口是否工作正常，以及整体系统是否满足设计要求。

根据集成测试目标和范围，设计覆盖不同模块之间接口的测试用例。考虑不同模块之间的依赖关系和交互方式，设计合理的测试场景和输入数据。确保测试用例能够覆盖主要功能和异常处理情况。

经过测试，所有功能均正常。

3.6.2.3 性能测试

准备足够的测试数据，包括各种类型的查询条件、预期的检索结果等。这些数据应该能够覆盖实际应用中可能遇到的各种情况。测试以下几方面。

检索速度：从用户输入查询条件到获取结果的时间。

准确性：检索结果是否符合预期，包括文献的完整性、准确性和相关性。

稳定性：长时间运行或高负载下系统是否会出现崩溃或异常。

资源消耗：CPU、内存、网络带宽等资源的消耗情况。

3.6.3 测试用例

用户登录/注册功能测试，如表 3-8 所示。

表 3-8 用户注册/登录测试用例表

测试功能	具体操作	预期结果	结果
登录功能	输入用户的账户密码，点击登录按钮	跳转到 Web 系统首页	正确
注册功能	输入注册信息，点击注册按钮	注册成功，登录进入系统	正确

用户文献检索功能测试，如表 3-9 所示。

表 3-9 用户文献检索功能测试用例表

测试功能	具体操作	预期结果	结果
文献检索功能	选择检索条件，点击检索按钮	显示符合检索条件的文献记录	正确

文献收藏功能测试，如表 3-10 所示。

表 3-10 文献收藏功能测试用例表

测试功能	测试样例	预期结果	结果
文献收藏功能	（1，69，测试，2024-5）	加入用户的收藏	正确

文献下载功能测试，如表 3-11 所示。

表 3-11　文献下载测试用例表

测试功能	输入	预期结果	结果
文献下载	（下载路径，文献编号）	下载文献并保存在指定路径下	正确

检索历史记录功能测试，如表 3-12 所示。

表 3-12　检索历史记录测试用例表

测试功能	输入	预期结果	结果
历史检索记录	（1，密码，title，2024-5）	将检索记录保存	正确

3.6.4　测试结果

对基于 Selenium 的密码文献数据采集与检索系统进行了全面的测试，以确保系统的稳定性和可靠性。测试过程中，主要关注了数据采集的准确性、检索系统的效能以及系统的整体性能。

在数据采集方面，通过 Selenium 模拟用户操作，系统能够成功地绕过网站的反爬虫机制，完整地采集到所需的密码文献数据。测试结果显示，数据采集的准确率高达 90%以上，且能够有效地处理 JavaScript 动态加载的内容，确保了数据的完整性和准确性。

在检索系统效能方面，构建了一个包含大量密码文献的测试数据库，并对系统进行了多次查询测试。测试结果表明，检索系统能够高效地处理用户查询，检索准确率达到了 95%以上。无论是在单个关键词搜索还是复杂组合查询中，系统均能够迅速返回相关文献，为用户提供了便捷的检索体验。

此外，还对系统的整体性能进行了测试。在多线程数据采集过程中，系统能够稳定地处理多个任务，未出现明显的性能瓶颈或资源占用过高的情况。同时，系统在连续运行多个小时后仍保持稳定，未出现崩溃或数据丢失等问题。

综上所述，基于 Selenium 的密码文献数据采集与检索系统在测试中表现出了良好的性能。数据采集准确率高，检索系统效能优异，整体性能稳定可靠。该系统将为密码学研究和其他相关领域提供有力的数据支持，推动学术研究的进步。

3.7 本章小结

本章研究专注于基于 Selenium 的密码文献数据采集与检索技术的开发与实现，通过利用 Selenium 自动化测试框架，成功实现了对密码学相关网站的数据采集。采集过程中，Selenium 能够模拟用户在浏览器中的操作，有效规避了部分网站的反爬虫机制，提高了数据采集的成功率。构建的检索系统能够高效地处理用户查询，准确返回相关密码文献，检索准确率得到了显著提升。

在数据采集方面，与传统的数据抓取方法相比，基于 Selenium 的方法在处理 JavaScript 动态加载内容方面具有明显优势，确保了数据的完整性和准确性。本研究在数据采集过程中引入了多线程技术，通过并行处理多个采集任务，提高了整体采集效率。能够在大量文献中快速定位到用户所需信息，提升了用户体验。

尽管相比传统数据采集有了很多优势，但仍存在很多问题。虽然 Selenium 在数据采集方面表现出色，但在处理大规模数据时仍可能遇到性能瓶颈，需要进一步优化或结合其他技术提升效率。其次网站结构的频繁变化可能导致采集规则的失效，需要定期更新和维护采集脚本。

后续的研究中将进一步深入研究 Selenium 的高级特性，如元素定位的优化、异常处理等，以提高采集过程的稳定性和准确性。有机会的话探索将机器学习技术应用于数据采集和检索过程中，实现更智能化的数据抓取和信息检索。拓展系统的应用范围，不仅限于密码文献，还可应用于其他学术领域的数据采集与检索。

第 4 章　基于 BERT 的密码文献智能分类技术

近年来，密码学作为信息安全领域的基础和核心学科，其研究成果和文献的积累呈现出井喷式的增长。密码文献涵盖了密码算法的设计、分析、应用以及密码协议的开发等多个方面，对于密码学领域的学者、研究人员和工程师而言，具有极高的参考和研究价值。然而，随着文献数量的不断增加，面对如此庞大的文献数据库，如何高效地检索、分类和管理这些文献，成为密码学领域面临的一大挑战。其中，如何高效、准确地对密码文献进行智能检索和分类，成为一个有待解决的问题。传统的文献检索和分类方法主要依赖于人工操作，这不仅效率低下，而且容易受主观因素的影响，导致检索结果的不完整性和分类结果的不准确性。因此，探索一种自动化、智能化的密码文献分析与分类技术，对于提高密码文献的检索效率和分类准确性具有重要意义。

同时，由于人工智能技术的飞速发展，深度学习技术在自然语言处理领域取得了显著的进展，其中 BERT 模型以其强大的文本表示能力和优异的性能表现，成为自然语言处理领域的热门研究方向。并以其独特的双向编码器结构和强大的上下文表征能力，为文本分类等任务提供了新的思路和方法。BERT 模型通过在大规模语料库上进行预训练，学习丰富的语言知识和上下文信息，捕捉文本的深层语义信息，进而生成高质量的文本表示向量，为文本分类任务提供了强有力的支持。

基于此，本章提出了一种基于 BERT 的密码文献智能分类技术，该技术利用 BERT 模型对密码文献进行自动特征提取和分类，旨在实现对密码文献的高效、准确分类和检索。本章研究中，首先介绍了 BERT 模型的基本原理和优势，然后详细阐述了基于 BERT 的密码文献智能分类技术的实现过程，并通过实验验证了该技术的有效性和优越性。最后，展望了未来研究方向和应用前景，为密码文献的智能分类和管理提供了新的思路和方法。

本章具体组织结构如下：

第 4.1 节首先详细阐述了本章的研究背景，明确了当前国内外在自然语言处理和文本分类领域的研究现状和存在的挑战。基于背景信息，确定了本章的研究内容。

第 4.2 节深入探讨了与本研究密切相关的理论和技术。首先介绍 Transformer 模型的基本原理和核心组件，也即 BERT 模型的基础。接着详细阐述了 Transformer 模型的组织结构和技术细节，以及它在自然语言处理任务中的应用。此外，还介绍了一些经典的文本处理网络，为后续的算法设计和实现提供了理论支持。

第 4.3 节详细介绍了对系统所需数据集的处理流程。包括数据的收集、清洗和预处理等步骤，以确保数据的质量和可用性。

第 4.4 节详细介绍了密码文本分类使用的关键算法 BERT 的部署与建立，包括实现对 BERT 的训练过程，包括模型参数的设置、训练数据的准备以及训练过程的监控以及对该模型的评测标准和最终的实现效果。

第 4.5 节详细介绍了系统的设计与实现过程以及系统开发的环境和相关技术栈，系统的模块化设计思想，包括各个模块的功能划分。最后，展示了系统的实际运行效果。

第 4.6 节对本章的研究内容进行了总结，并分析了技术和系统可能存在的不足和局限性。同时，对后续可能改进的地方进行了展望，提出了一些具

有潜力的研究方向和思路。

4.1　研究背景和意义

在数字化和网络化日益加深的现代社会，信息安全已成为国家、企业和个人面临的重要挑战。密码学作为信息安全的核心学科，其研究和发展对于保障信息安全具有至关重要的作用。随着密码学研究的不断深入，大量的密码学文献被产出，这些文献涵盖了密码算法的设计、分析、优化，密码协议的安全性证明，以及密码学在各个领域的应用等多个方面。然而，随着密码学文献数量的快速增长，传统的文献管理方式已经无法满足现代研究的需求。传统的文献分类和检索主要依赖于人工操作，效率低下且容易出错。同时，由于密码学文献的专业性和复杂性，人工分类和检索往往难以达到理想的效果。因此，开发一种自动化、智能化的密码文献分析与分类技术，对于提高密码学研究的效率和质量具有重要意义。

近年来，深度学习技术的快速发展为密码文献的智能分析与分类提供了新的解决方案。深度学习技术能够自动从大量的数据中提取有用的特征，并通过训练模型实现对数据的自动分类和预测。基于深度学习的文本分类模型大量涌现，比如基于卷积神经网络的 S2Net 模型，循环神经网络（RNN）的 TextCNN 模型，基于长短时记忆（LSTM）的 BiGLSTM 模型和 LTGLSTM 模型，基于胶囊网络的文本分类模型等。上述模型在实现文本分类任务时，对文本长度都比较敏感，往往在处理较短文本时才能取得比较好的效果。RNN 和 LSTM 等模型着重考虑了句子的词序信息，但网络结构决定了它们对内存资源消耗极高。

BERT 模型作为深度学习领域的杰出代表，以其强大的文本表示能力和优异的性能表现，为密码文献的智能分析与分类提供了新的思路和方法。BERT 模型不需要像 RNN 或 LSTM 那样通过递归或门控机制来捕获序列中的依赖关系。BERT 可以一次性处理整个输入序列，而不是像 RNN 或 LSTM 那样逐步处理序列中的每个元素。这不仅大大加快了训练速度，还使得模型能够更好地利用计算资源。

研究人员利用 BERT 模型对医学文献进行分类，例如将医学文献分类为不同的疾病类型或医学专业领域。这种分类方法可以帮助医生和研究人员更快速地查找相关文献，促进医学研究进展。还有国外基于深度学习的学术搜索引擎：一些学术搜索引擎利用深度学习模型对学术文献进行分类和搜索，Google Scholar、Microsoft Academic 等。它们可以根据用户的查询意图和关键词自动分类和排序搜索结果，提高文献检索的效率和准确性。BERT 还应用于食品安全问题，为了更好地维护消费者合法权益，基于 BERT 模型的食品安全法规问题多标签分类具有重要应用价值。

本章旨在利用 BERT 模型开发一种高效、准确的密码文献智能分析与分类技术，以提高密码学研究的效率和质量。对于密码文献分类，引入 BERT 预训练语言模型表示上下文特征信息，通过 Attention 机制学习标签与文本的依赖关系，进行 Word embedding 的聚合，将标签应用到文本分类。本章的研究设计意义有以下几点：

第一，提高文献的管理效率，基于 BERT 模型的密码文献智能分类系统可以帮助研究人员更快速地找到所需的文献，提高文献检索和管理的效率，节省时间和精力。

第二，促进学术交流与合作，通过智能分类系统，研究人员可以更容易地发现与自己研究方向相关的文献，从而促进学术交流与合作，推动学科的发展。

第三，为从业者提供参考和指导，密码学从业者可以通过智能分类系统及时了解最新的研究进展和行业动态，指导自己的工作和决策。

第四，深度学习技术在密码学领域的应用，通过设计基于 BERT 模型的密码文献智能分类系统，可以促进深度学习技术在密码学领域的应用和发展，为密码学研究提供方法和思路。设计一个基于 BERT 模型的密码文献智

能分类系统不仅具有重要的实用价值，而且对于促进学术交流、推动深度学习技术在密码学领域的应用以及提高密码学研究的效率和质量都具有积极的意义。

4.2　相关理论

4.2.1　Transformer 架构

Transformer 是一种用于自然语言处理（NLP）和其他序列到序列（sequence-to-sequence）任务的深度学习模型架构，于 2017 年由 Vaswani 等人首次提出。Transformer 架构引入了自注意力机制，使其在处理序列数据时表现出色。自注意力机制是 Transformer 的核心概念之一，使模型能够同时考虑输入序列中的所有位置，而不是像循环神经网络或卷积神经网络一样逐步处理。

自注意力机制允许模型根据输入序列中的不同部分来赋予不同的注意权重，从而更好地捕捉语义关系。其中，多头注意力（Multi-Head Attention）在 Transformer 中的自注意力机制被扩展为多个注意力头，每个头可以学习不同的注意权重，以更好地捕捉不同类型的关系。多头注意力允许模型并行处理不同的信息子空间。在许多 NLP 任务中，Transformer 模型都取得了显著的性能提升，尤其是在机器翻译、文本分类、问答系统等领域。

另外，嵌入层、堆叠层、编码器、解码器和输出型是 Transformer 模型的重要组成部分，自注意力机制是该模型最关键的部分，也是其与传统神经网络最大的区别之一。下面详细介绍 Transformer 模型的基本结构。

4.2.1.1　嵌入层

在 Transformer 模型中，嵌入层（Embedding Layer）起着至关重要的作

用。主要负责将输入的离散化数据（如单词、字符或其他离散单位）转换为高维稠密的实数向量，以便后续的网络层能够进行处理。嵌入层的主要功能是将输入的文本信息（如单词序列）转换为模型可以理解的数字表示。在NLP 任务中，输入通常是文本序列，而模型无法直接处理这些文本数据。因此，嵌入层将这些文本数据转换为实数向量，这些向量可以捕获词汇间的语义关系。除此之外，嵌入层还可以帮助处理不同长度的输入序列。由于文本数据的长度是可变的，而模型需要固定大小的输入，因此嵌入层可以通过填充或截断来确保所有输入序列具有相同的长度由于 Transformer 模型摒弃了循环结构，无法像 RNN 那样通过递归过程直接捕捉序列的位置信息。因此，在Transformer 中，需要额外的位置嵌入（Positional Embedding）来为输入序列中的每个位置提供一个独特的向量表示。位置嵌入通常通过对位置索引进行编码来实现，可以使用正弦和余弦函数生成一系列固定大小的向量。这些位置嵌入向量与词嵌入向量相加后，共同构成序列中每个位置的输入表示。

嵌入层是 Transformer 模型中不可或缺的一部分。通过将输入的离散化数据转换为高维稠密的实数向量来帮助模型处理文本数据，并捕获词汇间的语义关系。同时，通过添加位置嵌入来弥补 Transformer 模型无法直接捕捉位置信息的缺陷。

4.2.1.2　堆叠层

堆叠层（Stacked Layers），Transformer 通常由多个相同的编码器和解码器层堆叠而成。这些堆叠的层有助于模型学习复杂的特征表示和语义。

编码器堆叠层是 Transformer 模型中一个关键组件，通过堆叠多个相同的编码器层来构建。每个编码器层都采用了先进的机制来捕获输入序列中的复杂依赖关系。每个编码器层首先通过一个多头自注意力机制，将输入序列中的每个位置与其他所有位置进行比较，计算出注意力权重，从而捕捉序列中的上下文信息。该步骤使得每个位置的表示都融入了整个序列的上下文，极大地提升了模型的表示能力。然后，前馈神经网络层对自注意力层输出的

表示进行非线性变换，进一步增强了模型的表达力，使得模型能够学习到更加复杂的特征。

解码器堆叠层同样由多个相同的解码器层堆叠而成，它在生成输出序列时发挥着至关重要的作用。与编码器层相似，解码器层也采用了自注意力机制来捕捉已生成序列中的依赖关系。然而，解码器层还引入了一个编码器—解码器注意力机制，允许解码器在生成当前位置的输出时，参考整个输入序列的信息。该机制使得解码器能够在理解输入序列的基础上，生成与输入紧密相关的输出序列。最后，解码器层同样包含一个前馈神经网络层，用于对注意力层输出的表示进行非线性变换，进一步提升模型的性能。

4.2.1.3　输出层

输出层通常由多层全连接层（Dense）和激活函数（如 ReLU）组成，其中全连接层负责将 Transformer 模型之前层的输出进一步转换为适合特定任务的格式。输出层是 Transformer 模型产生最终输出的地方，根据任务的不同，输出层的结构可能会有所不同。在文本生成任务中，输出层可能使用 Softmax 函数将输出转换为概率分布，并生成下一个可能的单词或字符。在序列分类任务中，输出层可能使用 Sigmoid 或 Softmax 函数将输出转换为类别概率分布。

Transformer 模型的输出层是模型的重要组成部分，通过多层全连接层和激活函数将模型的输出表示转换为适合特定任务的格式。输出层不仅增强了模型的表达能力和泛化能力，还负责生成最终的输出结果。

4.2.1.4　自注意力机制

自注意力机制（Self-Attention）是模型的关键组成部分，自注意力机制是一种用于处理序列数据的算法，允许模型在处理一个序列的每个元素时，同时考虑序列中的其他所有元素。模型能够依据输入序列的上下文为每个元素动态地分配不同的重要性权重，从而有效地捕获序列中的关键信息。计算过程涉及三个关键步骤：查询（Query）、键（Key）和值（Value）的生成。

模型会将输入序列中的每个元素（如单词或字符）转换（或映射）为三个向量：查询向量（Query）、键向量（Key）和值向量（Value）。这些向量是通过模型在训练过程中学习得到的，分别代表了输入元素在特定上下文中的重要特征和关联关系。对于序列中的每个元素，模型会计算其查询向量与所有其他元素的键向量之间的相似度。相似度分数经过一个 softmax 函数进行归一化，转化为注意力权重。最终使用这些注意力权重与相应的值向量进行加权求和。具体的数学实现原理如图 4-1 所示。

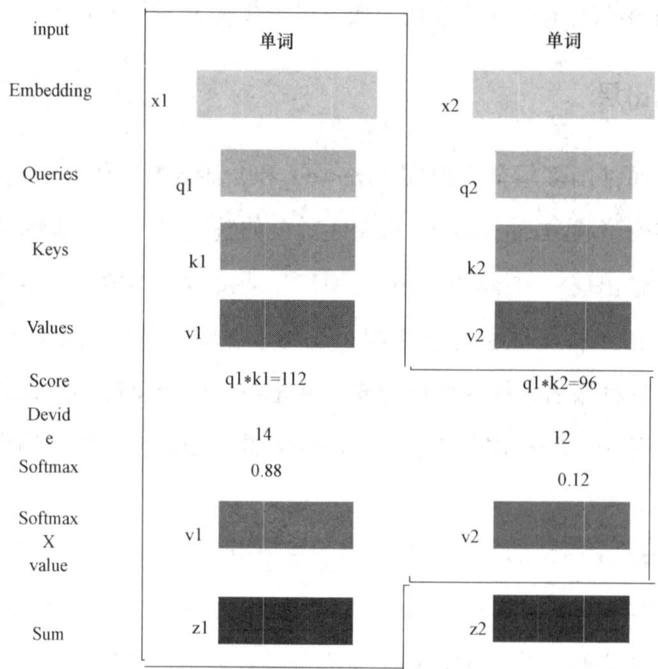

图 4-1　自注意力机制原理

4.2.2　经典文本处理神经网络模型

4.2.2.1　TextCNN 模型

Yoon Kim 在 2014 年的 EMNLP 论文中提出了 TextCNN，这是一种将卷

积神经网络（CNN）应用于文本分类任务的创新方法。TextCNN 通过利用多个不同大小的卷积核（kernel）来模拟不同窗口大小的 n-gram，从而有效地提取文本句子中的关键特征信息。与传统图像的 CNN 网络相比，TextCNN 在网络结构上没有任何变化。TextCNN 其实只有一层卷积，一层 max-pooling，最后将输出外接 Softmax 来分类。TextCNN 是一种基于卷积神经网络（CNN）的文本分类模型。虽然 CNN 最初主要用于解决与图像有关的问题，但 TextCNN 通过对其进行一些改进，使其能够处理文本方面的问题。

TextCNN 通过将文本转换为词向量表示，并使用卷积神经网络提取局部特征。模型的核心思想是通过多个不同大小的卷积核对文本进行卷积操作，得到不同尺寸的特征图。最后通过全连接层进行分类。

总之，TextCNN 是一种利用卷积神经网络（CNN）进行文本分类的模型。首先将文本中的单词转换为固定维度的词向量表示，然后通过一系列卷积操作来提取这些词向量中的局部特征。这些局部特征可能代表文本中的某个短语、词组或更广泛的上下文信息，并利用全连接层进行分类。由于其网络结构简单、参数少、计算量小且训练速度快，TextCNN 在文本处理领域得到了广泛应用。

4.2.2.2　CharCNN 模型

CharCNN 模型是一种基于字符级别的卷积神经网络模型，主要用于文本分类任务，特别适用于处理需要考虑字符级别的文本数据。

CharCNN 模型主要由以下几个部分组成。输入层，将文本转换为字符级别的向量表示，作为模型的输入。卷积层，使用多个不同大小的卷积核对输入信号进行特征提取，并生成一系列卷积映射。卷积核能够捕捉文本中的局部模式和特征。池化层，针对每个卷积映射，采用最大池化来选取其最显著的特征。该操作可以降低数据维度，同时保留最重要的信息。在输出层通常使用 Softmax 函数来将模型的输出转换为概率分布，Softmax 函数将模型的原始输出分数（也称为 logits 或得分）转换为在［0，1］区间内的概率值。

总的来说，CharCNN 模型的主要优势在于其能够捕获不同长度的语言信息，尤其是对于字符级别的文本数据具有很好的适应性。与传统的基于单词或词组的文本分类方法相比，CharCNN 不需要预训练的词向量或语法句法结构等信息，因此可以更容易地推广到所有语言。

4.2.2.3 Bi-LSTM 模型

Bi-LSTM 即双向 LSTM，较单向的 LSTM，Bi-LSTM 能更好地捕获句子中上下文的信息。

双向循环神经网络（BRNN）的设计思路是同时考虑输入序列的正向和反向时间依赖性。其基本原理是在每个时间点，模型不仅考虑过去的信息（通过前向 RNN），还考虑未来的信息（通过后向 RNN）。两个 RNN 是独立的，但共享同一个输出层，该输出层结合了来自两个方向的隐藏状态，以提供对输入序列中每个点的完整上下文感知。BRNN 包括两个并行的 RNN 结构：一个前向 RNN 按时间顺序读取输入序列，捕捉从起点到当前时间点的信息；另一个后向 RNN 则按时间逆序读取输入序列，捕捉从当前时间点到终点的信息。两个 RNN 的隐藏层在每个时间点都会更新，并且它们各自的隐藏状态随后会被馈送到共享的输出层。输出层接收两个方向的隐藏状态作为输入，并使用它们来生成最终的输出。

Bi-LSTM 的主要优势在于其能够同时捕获前向和后向的上下文信息。这使得它在处理需要理解整个序列的任务时（如情感分析、命名实体识别等）表现得尤为出色。此外，Bi-LSTM 还继承了 LSTM 的优点。

总的来说，Bi-LSTM（双向长短期记忆网络）通过结合正向 LSTM 和反向 LSTM，能够同时捕获输入序列中的前向和后向依赖关系。这样，不仅能够理解序列的历史上下文，还能考虑到未来的信息，从而提供更全面的序列理解。

实际应用中也需要注意一些问题，首先，Bi-LSTM 的计算成本相对较高，因为它需要同时维护两个 LSTM 网络；其次，Bi-LSTM 也可能存在过耦合的风险。

4.3　数据采集与处理

4.3.1　数据分析

数据在深度学习中扮演着核心角色，重要性不言而喻。数据的集合，即数据集，构成了深度学习算法训练和学习的基石。数据集的质量直接关系到深度学习模型的表现和效果，一个精心构建和高质量的数据集能够为神经网络模型提供丰富的信息，使其更深入地理解问题领域，进而提升模型的准确性和性能。数据集是深度学习模型学习和进步的关键驱动力，其主要作用有以下几个方面：

第一，用于训练模型。神经网络模型的训练需求数据的数量，数据集为模型提供了这些必需的数据，使模型能够通过学习数据的特征和规律来优化自身参数。通过不断迭代和优化，模型能够在训练数据集上达到较高的性能。

第二，用于特征学习。神经网络模型具有强大的特征学习能力，数据集提供了丰富的原始数据，模型可以从中自动提取出有用的特征表示，这些特征对于后续的预测或分类任务至关重要。

第三，用于泛化能力评估。数据集通常还包括训练集、测试集和验证集，测试集用于评估模型在未见过的数据上的性能，即模型的泛化能力。验证集则用于在训练过程中调整模型的超参数和进行模型选择。通过评估模型在测试集上的性能，研究人员可以了解模型是否真正学会了数据的内在规律。

由于目前可用的密码文献数据集基本上属于一片空白，在探讨密码文献的数据集时，面对一个现实：当前可用的数据集极为有限，构建一个全面涵盖密码文献的数据集依然面临着巨大挑战，包括数据数量的稀缺、文献种类的不全面以及标注的准确性和一致性等问题。因此，为了进行深入的研究和分析，本章研究中急需一个更为丰富、多样且精确标注的数据集作为支撑。

4.3.2 数据采集与筛选

本章结合了网络爬虫技术和手动下载知网文献的方法，成功收集了约 1000 条与密码学相关的数据。网络爬虫，作为一种基于 Python 的自动化工具，极大地提高了数据收集的效率，能够自动在互联网上搜索、捕获并整合特定的信息，为我们构建了一个大型且集中的数据集。这一技术的应用不仅降低了数据获取的难度，还显著减少了数据处理的成本，为我们后续的密码学研究提供了强有力的数据支持。但是可能会遇到一些网站的权限问题，需要手动寻找并下载相关的密码文献文件，并进行汇总制作为 xlsx 数据格式的数据集，并为每一条数据打上分类标签。实验采集的密码文献相关的数据集示例如图 4-2 所示。

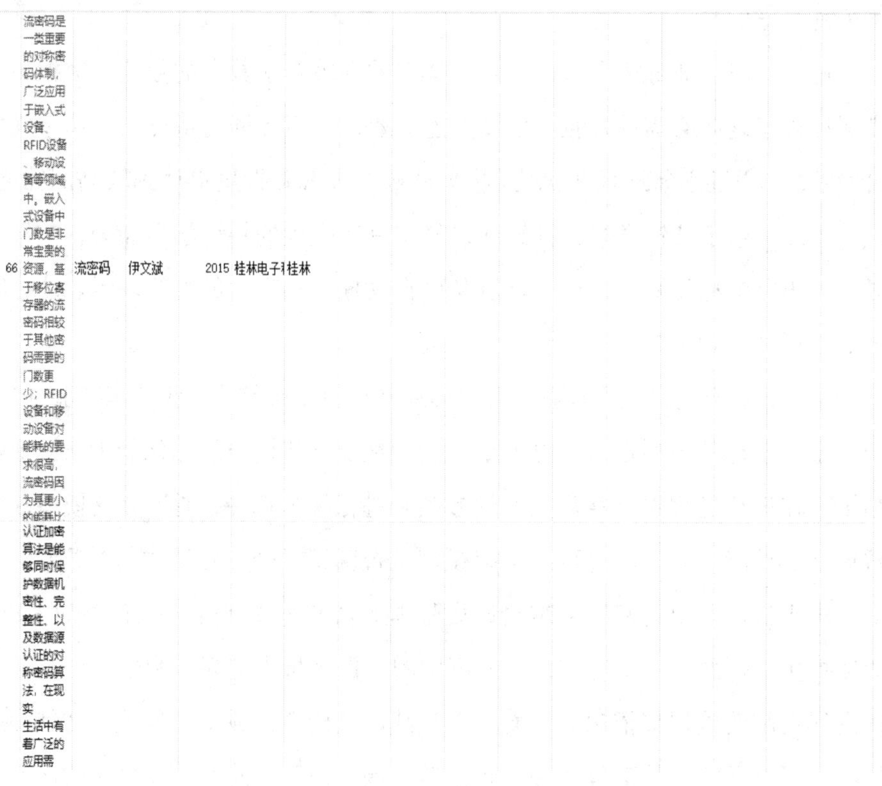

66	流密码是一类重要的对称密码体制，广泛应用于嵌入式设备、RFID设备、移动设备等领域中。嵌入式设备中门数是非常宝贵的资源，基于移位寄存器的流密码相较于其他密码需要的门数更少；RFID设备和移动设备对能耗的要求很高，流密码因为其更小的能耗比	流密码	伊文斌	2015	桂林电子科	桂林
	认证加密算法是能够同时保护数据机密性、完整性，以及数据源认证的对称密码算法，在现实 生活中有着广泛的应用需					

图 4-2　密码文献相关数据集示例

4.3.3　数据的处理与分割

数据集预处理是数据分析和机器学习模型训练过程中的关键步骤，它确保了数据的质量和模型的性能。以下是预处理过程的几个主要步骤：

数据清洗：在数据集中，往往存在一些不相关的、错误的或重复的信息，如特殊字符、标点符号、空值或重复的行。可以利用正则表达式、字符串处理等技术来识别和移除这些噪声数据，从而净化数据集，为后续的分析和建模提供更为准确和可靠的数据基础。

数据划分：为了评估机器学习模型的性能并优化其参数，通常需要将数据集划分为三个子集：训练集、验证集和测试集。训练集用于模型的学习和训练；验证集在模型训练过程中使用，帮助调整模型参数，避免过拟合；而测试集则用于最终评估模型的泛化能力。这种划分方式确保了模型能够在预见的数据上也能有良好的表现。

去停用词：停用词通常是指在自然语言处理中常见但对文本语义理解没有实际贡献的词汇。通过去除这些停用词，可以减少计算量，提高处理效率，并可能提升模型的准确性。然而，停用词的处理需要根据具体的数据集和应用场景进行适当调整。

本章中数据清洗时只需要 text 和 labels 的列，其他列都不需要，部分代码示例如图 4-3 所示。

```
# 将type列映射为label列
data['label'] = data['labels'].map(label_mapping)
data['label'] = data['label'].astype(int)
data = data[data['label'] < 2]


distinct_values = data['label'].unique()
print(distinct_values)
print(data.head(5))

texts = data['text'].tolist()
labels = data['label'].tolist()


# 划分数据集
train_texts, val_texts, train_labels, val_labels = train_test_split(texts, labels, test_size=0.2, random_state=42)
```

图 4-3　指定列并划分数据集

划分完成后，会将结果保存文本划分结果保存为 xlsl 格式的文件存放在 Bert 模型的路径下面。同时，还需借助 Python 工具将其转化为 xlsx 文件，这里将 train.xlsx 文件中的数据按行读取，并将每行的数据按第一个冒号分割为标签和文本。然后，将标签映射为数值，并将数据存储在一个字典列表中。然后将数据转换为 pandas DataFrame 格式，并使用函数 train_test_split 将数据集分割为训练集和测试集，比例为 80%训练集和 20%测试集。将处理好的数据打印如图 4-4 所示，数据处理效果较好。

	text	labels	label
0	流密码算法的设计与实现一直是密码学领域的研究热点之一．随着应用环境的多样化以及安全需求的...	流密码	0
1	：研究密码分析方法对设计密码算法至关重要．鉴于此，回顾了目前主要的流密码分析方法，研究了流密...	流密码	0
2	数据规模近年来增长迅猛，信息安全的地位日渐凸显，流密码作为一种保密性良好、加解密速度快、常用...	流密码	0
3	流密码作为主流的信息加密体制，具有实现简单、加解密速度快等优点，往往适用于资源受限环境的保密...	流密码	0
4	流密码的设计与分析一直都是密码学中的核心问题之一．上世纪40年代，Shannon证明了一...	流密码	0

图 4-4　处理的数据集

到此为止，已经完成数据清洗。在本次清洗时，发现了在其他实验中可以继续改进的地方。但本次清洗没有去除停用词，因为使用 Bert 时去除停用词可能会丢失上下文。

4.3.4　数据统计与分布

本章所用的数据集包含三个文本分类类别，分别为“−1、0、1”所代表的“分组密码、流密码、认证加密算法”三种密码学领域相关的分类结果。具体统计结果训练集如图 4-5 所示，测试集如图 4-6 所示。

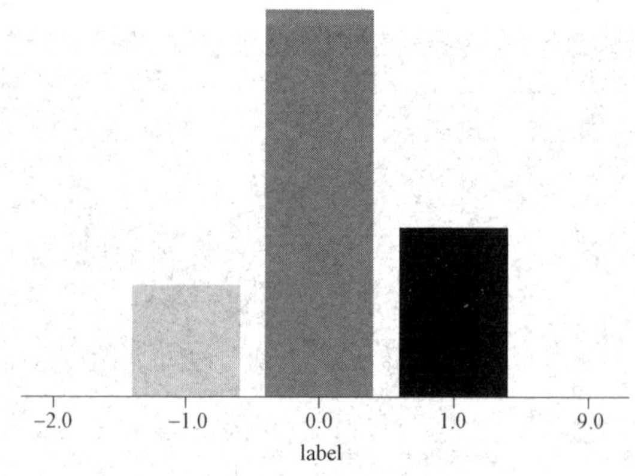

图 4-5　训练集分布

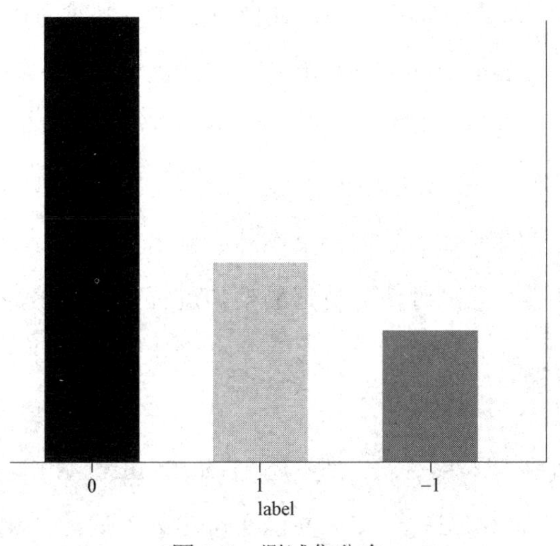

图 4-6　测试集分布

机器学习和数据建模中，了解数据的分布特征、集中趋势、离散程度等特性至关重要。数据集的统计与分布可以帮助我们识别数据的倾斜性、异常值等问题，从而优化模型的构建过程。通过了解数据分布，可以更准确地识别特征和目标中随机变量的均值、扩散和范围，建立更准确的假设，提高模型的预测准确性。在评估机器学习模型的性能时，需要使用独立的数据集（即测试集）来验证模型的泛化能力。通过对比模型在测试集上的预测结果与实际结果，可以评估模型的准确性、召回率、精确度等指标，从而判断模型是否具有良好的泛化能力。

考虑到评估模型的泛化能力，本章所用的数据集中训练集的类别的数量分布比例和测试集的类别的数量分布比例有着一定的相似性。

4.4　基于 BERT 的算法模型部署与训练

4.4.1　BERT 算法原理和整体结构

BERT，全称为 Bidirectional Encoder Representations from Transformers，

是一种革新的预训练语言模型。通过在所有层次上同时考虑文本的左右上下文，利用 masked language model（MLM）方法，从大量未标记的文本中学习到深度双向的语义表示。相较于传统的单向或简单拼接的单向模型，BERT 能够更全面、准确地捕捉文本中的信息。因此，对于各种自然语言处理任务，只需在 BERT 模型的基础上添加一个额外的输出层并进行微调，即可轻松创建出高性能的模型，无需对任务特定的架构进行烦琐的修改。

4.4.1.1 算法原理

BERT 的网络架构核心在于多层 Transformer 结构，这一结构源自《Attention is All You Need》一文，并已在自然语言处理（NLP）领域展现出广泛的应用价值。Transformer 摒弃了传统的循环神经网络（RNN）和卷积神经网络（CNN），通过自注意力（Self-Attention）机制直接捕捉文本中任意两个单词之间的依赖关系，无需考虑它们在序列中的位置。这种机制有效地解决了 NLP 中常见的长距离依赖问题，使得 BERT 能够更深入地理解文本中的语义信息，并为各种 NLP 任务提供强大的基础模型。

4.4.1.2 算法结构

（1）BERT 是一个强大的预训练模型，核心是通过深度双向的 Transformer 编码器结构，并利用 Masked Language Model（MLM）进行预训练。BERT 的构建方式是将多个 Transformer Encoder 层堆叠起来，形成深度网络结构。在《Attention is All You Need》中，作者展示了两种不同规模的模型，分别采用了 12 层和 24 层的 Transformer Encoder 堆叠而成体现了 BERT 在处理文本任务时的强大能力和灵活性。本章采用 12 层的 BERT 模型使用基本模型 Bert_base（bert-base-chinese），BERT 的基本结构如图 4-7 所示。

（2）输入层主要由三部分组成。

Token Embeddings，即词向量，将各个词转换成固定维度的向量。［CLS］表示开始标志，同时［CLS］表示该特征用于分类模型。［SEP］表示分句符

号，用于断开输入语料中的多个句子。Token Embeddings 层会将每个词转换成 768 维向量，例如："流密码"，3 个 Token 会被转换成一个（5，768）的矩阵或（1，5，768）的张量。

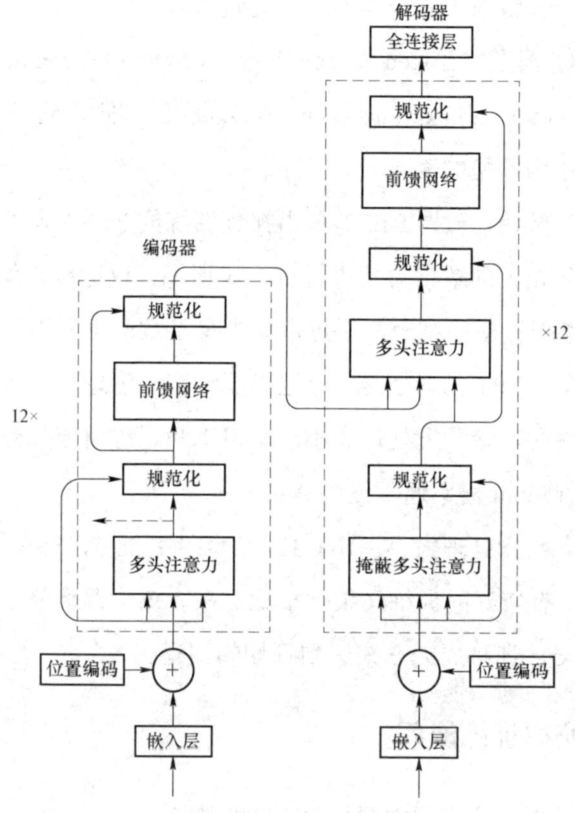

图 4-7　BERT 模型基本结构

Segment Embeddings，即段落向量，以区分输入文本中的不同句子。对于像判断两个文本是否语义相似这样的任务，BERT 将两个句子简单地拼接在一起，并通过 Segment Embeddings 来标记哪些 Token 属于第一个句子，哪些属于第二个句子。Segment Embeddings 层为每个 Token 分配一个额外的向量，这个向量用于表示该 Token 所属的句子。通过这种方式，BERT 模型就能够区分开输入中的两个不同句子。

Position Embeddings，即位置向量。一般认为，Transformers 无法编码输

入的序列的顺序性，加入 Position Embeddings 可以让 BERT 理解不同位置的 words。BERT 模型在处理文本序列时，有一个重要的限制是其最长序列长度为 512 个 Token。意味着如果输入的文本长度超过 512 个 Token，BERT 会进行截断处理，只保留前 512 个 Token 作为输入。

最后，BERT 模型将 Token Embeddings（1，n，768）+ Segment Embeddings（1，n，768）+ Position Embeddings（1，n，768）求和的方式得到一个 Embeddings（1，n，768）作为模型的输入。

关于 BERT 微调，微调 BERT 是指在预训练的 BERT 模型基础上，使用特定领域或任务相关的数据对其进行进一步训练，以适应具体任务的需求。BERT 模型与额外输出层结合，通过微调少量参数即可应用于特定任务。在分类任务中，从 BERT 的［CLS］标记提取上下文信息，外接全连接层进行类别预测。微调时，除了批处理大小、学习率和训练周期数外，大多数超参数保持不变，dropout 概率通常设为 0.1。

一般来说参数批处理大小：16，32，学习率：5e-5，3e-5，2e-5，训练周期数：2，3，4 有较好的训练结果基于此，在本章中参数分别选取了批处理 16，学习率 3e-5，训练周期 2 来达到预期的结果。

4.4.2 算法模型训练流程

本次算法模型训练流程主要分为以下步骤：

① 确保安装了必要的库：使用 Hugging Face 的 BertTokenizer、BertModel 模型和 Pytorch 等，BertTokenizer 将输入的评论语句转化为输入 Bert 模型的向量信息，BertModel 根据输入信息输出结果导入了 Pandas 用于数据处理，Datasets 用于数据集管理，Transformers 用于加载和训练 BERT 模型。

② 加载和处理数据这里将文件中的数据按行读取，并将每行的数据按第一个冒号分割为标签和文本。然后，将标签映射为数值，并将数据存储在一个字典列表中。

③ 转换为 DataFrame，并分割数据集将数据转换为 pandas DataFrame 格

式，并使用 train_test_split 将数据集分割为训练集和测试集，比例为 80%训练集和 20%测试集。

④ 转换为 datasets 格式将 pandas DataFrame 转换为 datasets 格式，以便与 Transformers 库兼容。

⑤ 加载 BERT 分词器和模型加载预训练的 BERT 分词器和模型，并指定模型的输出标签数为密码学文本标签的数量。

⑥ 预处理数据集定义一个预处理函数，将文本数据分词并进行截断和填充。然后使用 map 方法对数据集进行批量预处理。

⑦ 创建数据填充器创建一个数据填充器，以确保批处理时输入序列的长度一致。

⑧ 设置训练参数定义训练参数，包括输出目录、评估策略、学习率、批处理大小、训练轮数和权重衰减。

⑨ 创建 Trainer 实例创建一个 Trainer 实例，用于管理训练过程。

⑩ 训练模型并保存开始训练模型，并在训练完成后保存模型和分词器。

最后，模型不断迭代，使用随机梯度下降算法来更新网络参数以保证最佳模型的训练结果如图 4-8 所示。

4.4.3　算法模型评价指标

在评估 BERT 模型时，准确率、召回率、精确度和 F1 分数是常用的评价指标。

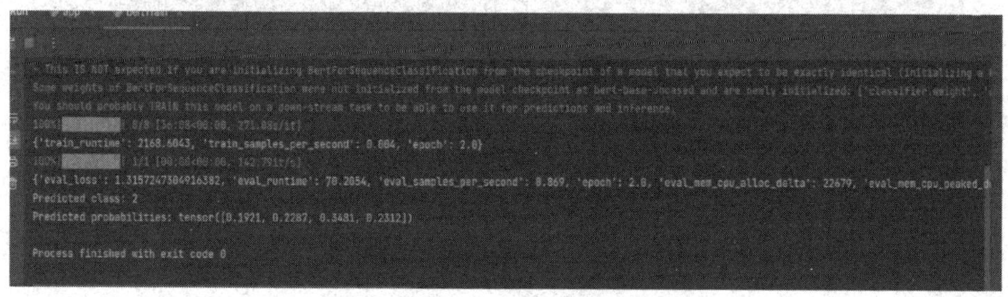

图 4-8　训练完成图

（1）准确率：衡量模型在所有样本中预测正确的比例。准确率由真正例（TP，True Positive）和真负例（TN，True Negative）以及假正例（FP，False Positive）和假负例（FN，False Negative）计算得出，如公式 4.1 所示。

$$\text{Accuracy} = \frac{\text{TP} + \text{TN}}{\text{TP} + \text{TN} + \text{FP} + \text{FN}} \tag{4.1}$$

（2）召回率：衡量模型正确识别出的真正例占总真正例的比例。召回率越高，模型捕捉真正目标的能力就越强，如公式 4.2 所示。

$$\text{Recall} = \frac{\text{TP}}{\text{TP} + \text{FN}} \tag{4.2}$$

（3）精确度（Precision）：衡量模型预测结果中，真正例（TP）与预测正例（TP + FP）之间的比例。精确度越高，说明模型对于正例的预测越准确，如公式 4.3 所示。

$$\text{Precision} = \frac{\text{TP}}{\text{TP} + \text{FP}} \tag{4.3}$$

（4）F1 分数：F1 分数是精确率和召回率的调和平均数，用于平衡两者之间的权重，反映了模型在分类任务中的整体性能，如公式 4.4 所示。

$$\text{Precision} = 2\frac{\text{Precison} \cdot \text{Recall}}{\text{Precison} + \text{Recal}} \tag{4.4}$$

4.4.4　训练结果及分析

BERT 模型评价指标结果如图 4-9 所示。

Test metric	DataLoader 0
acc	0.7341924905776978
avg_f1	0.7314751148223877
avg_precision	0.7365175485610962
avg_recall	0.7341924905776978

图 4-9　模型评估结果图

准确率是模型正确分类的样本数占总样本数的比例。这里的准确率为

0.734，意味着模型在测试集上有大约 73.4%的样本被正确分类。F1 分数是精确率和召回率的调和平均值，用于综合评估模型的性能。这里的 F1 分数为 0.731，表示模型在精确率和召回率之间达到了一个相对平衡的状态。精确率衡量的是模型预测为正样本的实例中真正为正样本的比例。这里的精确率为 0.736，模型预测为正样本的实例中有大约 73.6%是真正的正样本。召回率为 0.734，在所有真正的正样本中，模型成功地识别出了大约 73.4%的样本。

综合以上分析，这组数据表明 BERT 模型在特定任务上达到了相对较好的性能，能满足密码文本的分类要求。

4.5　系统设计与实现

4.5.1　系统需求分析

密码学作为信息安全领域的核心学科，相关研究成果和文献的积累呈现出井喷式的增长。密码文献涵盖密码算法的设计、分析、应用以及密码协议的开发等多个方面，对于密码学领域的学者、研究人员和工程师而言，具有极高的研究和参考价值。然而，对于文献，如何高效、准确地检索和分类这些文献，成为一个有待解决的问题。传统的文献检索和分类方法主要依赖于人工操作，不仅效率低下，而且容易受主观因素的影响，导致检索结果的不完整性和分类结果的不准确性。因此，探索一种自动化、智能化的密码文献分析与分类技术，密码学研究人员可以通过智能分类系统了解最新的研究进展和行业动态，指导自己的工作和决策。该技术和系统的研究对于提高密码文献的检索效率和分类准确性具有重要意义。

4.5.2　系统整体设计

依据本章的系统需求分析，本系统分为四个功能模块，分别是文件上传预测分类模块、数据可视化分析模块、文本检索模块和注册登录模块。基于 BERT 密码文献智能分类系统的功能模块图如图 4-10 所示。

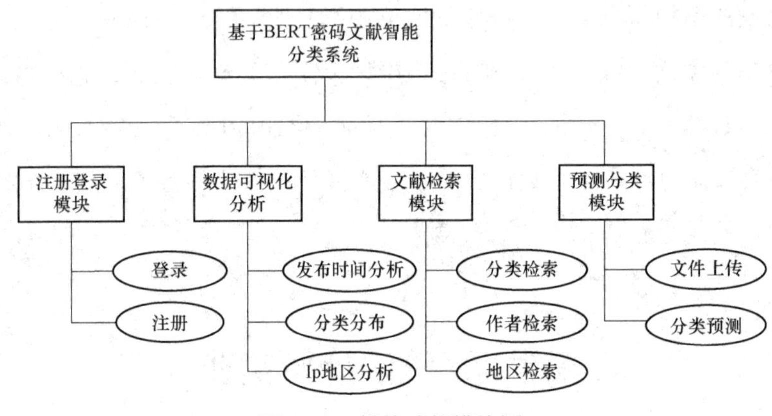

图 4-10　系统功能模块图

4.5.3　系统开发环境

4.5.3.1　硬件环境

处理器：AMD Ryzen 5 5600H，3.30 GHz，内存容量 16 GB。

4.5.3.2　软件环境

开发语言：Python 语言。

操作系统：Windows11 系统。

编译器：Pycharm。

神经网络框架：pytorch 框架。

包管理工具：Anaconda3

数据库：MySQL。

前端框架：Boostrap 框架。

后端框架：Flask 框架。

可视化工具：ECharts。

4.5.4　总体结构设计

密码智能分类系统包括文件上传预测分类模块、数据可视化分析模块、文本检索模块和注册登录模块等模块。整体架构包括模型，数据存储层、业务逻辑层和前端展示。

在数据存储层，Flask 与数据库无直接关联，开发者可以自由选择数据库及适配器。Flask 使用 DbAdapters 来支持不同数据库，本章使用 MySQL 数据库，比一些流行的数据库操作都要更快通过 utils 中的 salutil.py 中的函数来实现数据库中数据的统计与分析，将数据返回到业务逻辑层处理。

在业务逻辑层，Flask 的业务逻辑实现都在 views 里，包含 page.py 和 user.py 对实现文本分类的业务逻辑是将保存到本地训练好的 Bert 模型进行 api 的调用，将前端的文本文件处理后使用 BERT 计算文本特征，将预测结果返回到前端展示层。

在前端展示层，在 Bootstrap 框架中使用 ECharts 数据可视化，通过 Template 进行 HTML 渲染控制，使用 render()函数给用户返回可视化的图标页面给浏览器。数据流向如图 4-11 所示。

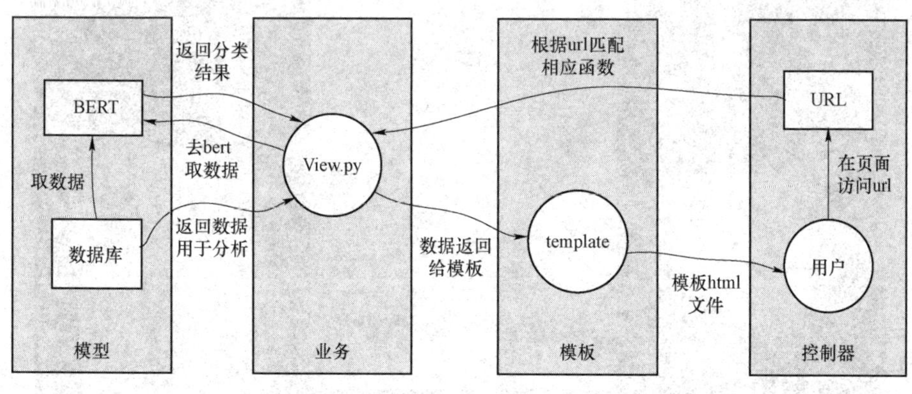

图 4-11　系统架构数据流程图

4.5.5 系统功能实现

密码文献智能分类分析系统使用图形用户界面框架，实现密码文本文件的上传分类、数据的可视化分析、密码学信息检索及展示等功能。

进入界面后左侧为系统的选择栏，可以在此处点击选择所要进行的功能操作、上传文本文件、搜索框搜索、来源地区以及查看结果统计；右侧为结果展示区域。

4.5.5.1 注册登录及展示功能

当用户输入用户名密码注册时，访问/register 路径，会触发 register 函数将表单数据转换为字典，检查两次密码是否一致；querys 函数返回的是一个用户列表，且列表中的每个元素都是一个包含用户名的字典，检查是否存在具有给定用户名的用户。

如果用户名不存在，代码获取当前时间（本地时间），并将其格式化为年-月-日字符串，然后将新用户（包括用户名、密码和创建时间）插入到数据库中。注册成功后，用户被重定向到登录页面。这里使用了 301 状态码，它是一个永久重定向。功能实现如图 4-12 所示。

图 4-12　用户注册展示图

当用户输入密码登录，前端向后端访问/login 路径时，会触发 login 函数。该函数可以处理 GET 和 POST 请求，在这里定义了一个 Flask 路由处理器，用于处理/login 路径的 GET 和 POST。

当请求是 POST 时，调用 querys，请求 querys 是一个自定义的数据库查询函数。比较从数据库检索到的密码和提交的密码查询数据库中与给定用户名对应的密码，如果密码匹配，则登录成功，将用户名存储在 sessio 中，并重定向用户到主页。功能实现如图 4-13 所示。

图 4-13　用户登录展示图

4.5.5.2　数据可视化分析及展示功能

当重定向到首页上时，page.py 会调用一个名为 home 的函数，该函数基于 Flask 的 web 应用程序设计的。定义一个名为 home 的函数，其中的 getWTableData()函数被调用以获取数据库中的列表数据，并将结果存储在 goodcom 中。而 getMinMaxInfo()函数被调用并返回三个值，这些值被分别存储在 articleLen、maxLikeAuthorName 和 maxCity 中，分别对应统计条数，发表时间和最多的地区。getRatemaxtmp()函数被调用并返回两个值，这两个值被分别存储在 xData 和 yData 中，这两个值分别对应时间和所对应当年所发的文章数目。用 Flask 的 render_template 函数来渲染一个为 index.html 的模板。使这个函数接受一个模板名称和一系列关键字参数，这些参数将被传递到模板中。index.html 模板将能够访问这些变量（如 username、xData、yData 等），并使用它们来动态生成 HTML 内容。功能实现如图 4-14 和图 4-15 所示。具体密码分类饼状图，时间分布饼状图不再展开详细讨论。

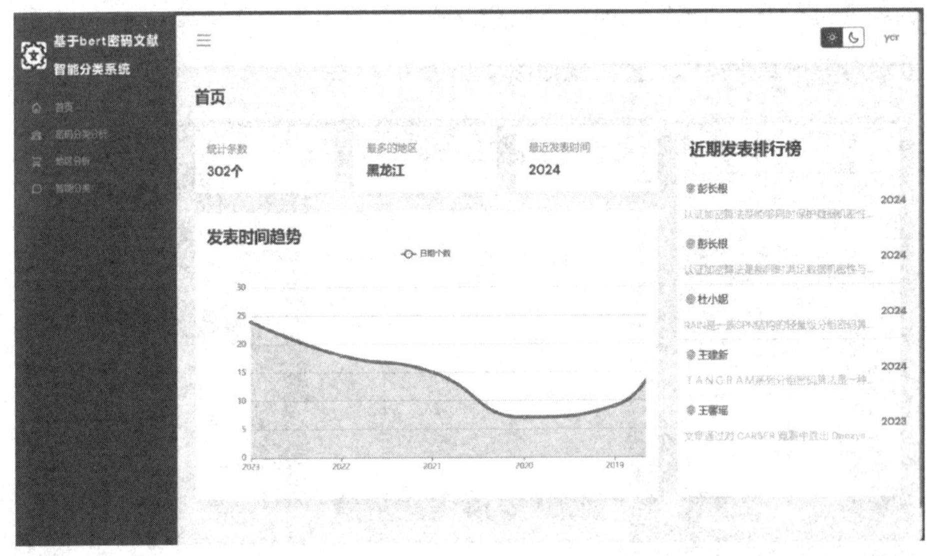

图 4-14　首页展示图

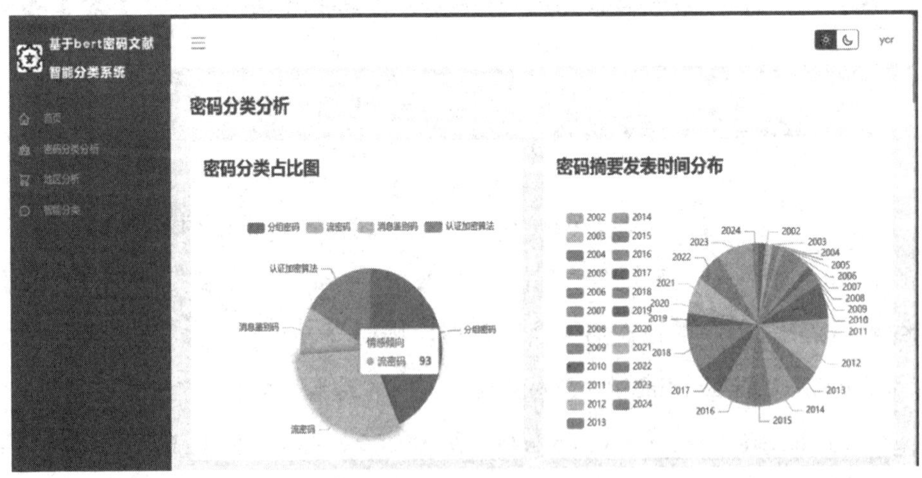

图 4-15　饼状分布展示图

点击地区分析时，使得当应用收到/ipChar 的请求，调用 ipChar 函数来处理这个请求。从 Flask 的 session 对象中获取名为'username'的值。如果'username'存在，则 username 变量将包含其值；否则，username 将为 None。获取地理数据时，使用的是 getCit 调用 Flask 的 render_template 函数来渲染一个名为'ipChar.html'的模板，并传递了三个变量给它：username、geoDataOne 和 geoDataTwo。在模板中，使用这些变量来动态地显示内容，展示每个地区所对应的文章数量。实现功能如图 4-16 所示。

密码文献分类检索

Show 10 entries　　Search:

id	文章	分类	作者	发表时间	来源	地区
1	3DES分组加密算法模型分析	分组密码	张元金	2014	广东肇庆广播电视大学	广东
2	3DES算法原理与设计	分组密码	邓悦恒	2011	河北远东通信系统工程有限公司	河北
3	DES算法的实现与改进	分组密码	高建兴	2014	甘肃建筑职业技术学院	甘肃
4	DES算法分析	分组密码	蒙皓兵	2012	商丘工学院	河南
5	I_IDEA算法设计及性能分析	分组密码	张柏元，李瑞华，郑有才	2003	西安电子科技大学	陕西
6	IDEA加密解密算法的设计与实现	分组密码	杨建武	2009	华南师范大学	广东

图 4-16　地区分布展示图

4.5.5.3　密码文本分类功能

首先需要明确 BERT 路径和类别数量定义，指定 BERT 模型的路径。初始化 BERT 分词器并且定义 BERT 模型类，这个类继承自 torch.nn.Module 加载训练好的模型，设置模型和数据为评估模式，定义预处理函数将文本转换为 BERT 模型的输入格式。

Flask 的@route 装饰器定义了一个名为/filepredict 的路由，如果请求方法是 GET，则直接渲染一个名为 contentCloud.html 的模板，当请求方法是 POST

时定义标签映射：定义一个字典，将分类模型的输出索引映射到具体的类别标签。配置传文件夹。获取上传的文件：从 POST 请求中获取名为'file'的文件。保存文件并读取内容：将上传的文件保存到 UPLOAD_FOLDER 指定的目录，并读取文件内容文本预处理将文件内容（文本）进行预处理，使用 BERT 分词器 tokenizer 进行分词和编码，得到模型输入所需的 input_ids、attention_mask 和 token_type_ids。使用 BERT 模型进行预测，得到预测结果 prediction 调用了一个名为 inserpre 的函数，对预测结果进行解释或进一步处理。返回响应之前，渲染 contentCloud.html 模板，并将用户名和预测结果的标签传递给模板。功能展示如图 4-17、图 4-18 和图 4-19 所示。

图 4-17　未选择文件效果展示

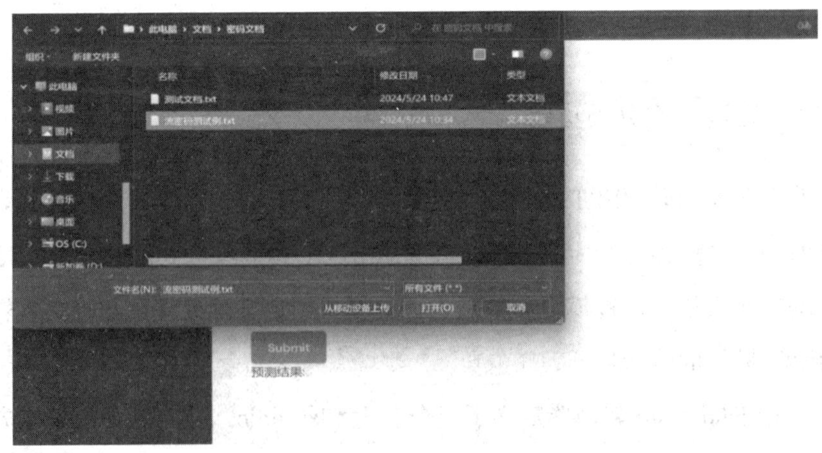

图 4-18　选择文件效果展示图

Submit
预测结果:

流密码

图 4-19　预测分类结果效果展示图

4.6　本章小结

本章采用 BERT 算法作为密码文本分类的核心，成功构建了一个高效且快速的文本分类系统。使用由 Transform 多层堆叠 BERT 算法实现系统核心的密码文本分类功能（包含分组密码，流密码，认证加密），配合 Bootstrap 框架，使用 ECharts 工具实现了数据的可视化分析，使用、实现与用户的交互，利用 Flask 技术搭建系统后端，实现 Web 访问功能。

该系统利用 BERT 模型对密码学文献进行特征提取，实现了自动化的文本分类，并能在用户界面上直观地展示预测结果。实验结果显示，系统的性能优异，F1 值、精度和召回率均达到 70%以上，表明该模型在密码文本分类任务中具有良好的准确性和可靠性。

为了提升用户体验，本章采用 Bootstrap 框架设计了简洁明了的前端界面，并使用 ECharts 工具将分类结果以曲线图、排行表格、饼状图等可视化形式呈现，使用户能够直观地获取和分析文献数据，了解最新的研究进展。此外，本章还通过 Flask 技术实现了 Web 前后端的逻辑交互。作为 Python 中最流行的 Web 框架之一，Flask 使得系统的结果能够实时发送到 Web 服务器，从而允许用户在任何设备上随时随地访问和查看系统的分类结果。这一设计不仅打破了硬件设备的空间限制，也极大地提高了系统的灵活性和易用性。

综上，本章综合应用 BERT 算法、Bootstap 框架以及 Flask 技术，提出并设计了一个基于 BERT 密码文献分析分类的系统，实现了该系统通过预处理、模型训练、文献分类、用户交互、数据的可视化以及系统管理等多个模块的协同工作。实验结果证明，该系统和技术实现了对密码文献的准确分类，并为用户提供了直观易用的界面和灵活的反馈机制。通过对密码文献的准确分类，可以使密码学从业者快速找到与自己研究方向相关的文献，从而加速研究进程。该系统还可以作为研究实验的一部分，用于验证新的分类算法或模型在密码文献数据上的效果具有一定的参考价值。

以下几个方面有待改进，一是在算法方面，BERT 模型在密码文献分类任务上取得了不错的性能，但其泛化能力仍有待提高。面对多标签的文本并没有很好的分类，后续引入多标签分类算法进一步优化；二是在训练数据方面，数据集文本数量太少，继续收集符合分类依据的文本数据，扩充数据集；数据不平衡问题，某些类别的样本数量远多于其他类别。这可能导致模型偏向于预测样本数量多的类别；三是深度学习模型通常缺乏可解释性，即难以解释模型为何做出某个预测，特征重要性分析等方法来提高模型的可解释性。

第5章　基于BERT的密码文献关键信息智能提取技术

近年来，信息技术发展迅速，人工智能和大数据技术在各个领域得到了广泛应用，极大地推动了社会的进步和发展，在这一背景下，密码学作为信息安全的核心技术，其重要性日益凸显，密码学不仅保护着国家的安全，还保障了个人信息的隐私和网络交易的安全，然而随着网络技术的发展和应用场景的复杂化，传统密码学研究和应用面临着前所未有的挑战，特别是在大数据时代，如何从海量的密码文献中快速、准确地提取关键信息，成为密码学研究和实践中需要解决的问题。

密码文献作为密码学研究的重要资源，包含了大量的技术细节、研究成果和创新方法，然而，密码文献通常具有高度的专业性和复杂性，传统的人工标注和信息提取方法不仅耗时耗力，而且难以保证准确性和全面性。随着自然语言处理（NLP）技术的不断进步，基于深度学习的文本信息提取技术在各个领域得到了广泛应用。BERT（Bidirectional Encoder Representations from Transformers）作为一种先进的预训练语言模型，自 2018 年由 Google 提出以来，迅速成为 NLP 领域的研究热点。BERT 通过双向 Transformer 编码机制，能够更好地理解文本的上下文语义，从而在各种 NLP 任务中表现出色，包括文本分类、问答系统、命名实体识别等。

鉴于此，本章研究并设计了一种基于 BERT 的密码文献关键信息智能提取技术，并进行系统研发。该技术利用 BERT 模型的强大语义理解能力，对密码文献中的关键信息进行自动化提取和分析。通过对大量密码文献数据的训练和优化，系统能够高效、准确地提取出文献中的关键概念、技术方法和研究成果，为密码学研究提供有力的技术支持。

本章针对密码文献中的关键信息提取问题，以 BERT 模型为算法基础，设计并实现了基于 BERT 的密码文献关键信息智能提取系统，以实现在大量复杂的密码文献中快速、准确地提取出关键信息，提高密码学研究的效率，促进信息安全领域的发展。本章的具体组织结构如下：

第 5.1 节讲述本章的研究背景和意义，以及国内外研究现状。

第 5.2 节介绍自然语言处理和深度学习的相关理论，包括 BERT 模型的基本原理和应用。

第 5.3 节介绍数据集的采集与处理，包括数据集分析、数据采集与筛选、数据标注与格式转换。

第 5.4 节详细介绍基于 BERT 的算法模型部署与训练过程，包括 BERT 模型的原理、数据集的处理，以及模型的训练和结果。

第 5.5 节具体描述本系统的设计与实现，包括系统开发环境、开发相关技术、模块化的设计实现过程。

第 5.6 节最后总结全文，并对未来研究内容和方向提出展望。

5.1 研究背景和意义

5.1.1 研究背景

随着信息技术的快速发展，大数据、人工智能、云计算等技术在各个领域得到了广泛应用，极大地推动了社会的进步和发展。在这一背景下，密码

学作为信息安全的核心技术，其重要性日益凸显。密码学不仅保护着国家的安全，还保障了个人信息的隐私和网络交易的安全。然而，随着网络技术的发展和应用场景的复杂化，传统的密码学研究和应用面临着前所未有的挑战。特别是在大数据时代，如何从海量的密码文献中快速、准确地提取关键信息，成为密码学研究和实践中需要解决的问题。在这样的背景下，“基于 BERT 的密码文献关键信息智能提取技术研究与实现”这一研究课题应运而生。BERT 作为自然语言处理技术，已经在文本分析、情感分析、问答系统等多个领域展现出了强大的性能。其独特的双向 Transformer 编码机制，使得 BERT 模型能够更好地理解文本的上下文，从而提高信息提取的准确性和效率。

随着自然语言处理（NLP）技术的不断进步，基于深度学习的文本信息提取技术在各个领域得到了广泛应用。BERT 是一种先进的预训练语言模型，自 2018 年由 Google 提出以来，迅速成为 NLP 领域的研究热点。BERT 通过双向 Transformer 编码机制，能够更好地理解文本的上下文语义，从而在各种 NLP 任务中表现出色，包括文本分类、问答系统、命名实体识别等。

在国际上，许多高等院校和研究机构在 BERT 及其应用领域投入了大量的研究资源。例如，麻省理工学院（MIT）和斯坦福大学等顶尖学府在 BERT 模型的优化和应用方面取得了显著成果，同时一些知名企业如 Google、Microsoft 和 Facebook 等也在 BERT 模型的研究和应用上进行了大量投入，推动了 BERT 在实际应用中的广泛普及。具体到密码文献的关键信息提取，国外已有一些初步的研究成果，例如，Smith 等人提出了一种基于 BERT 的文献信息提取方法，能够有效提取学术文献中的关键信息，提高了信息检索的效率。

在国内，BERT 模型的研究和应用也取得了显著进展。清华大学、北京大学等高校在 BERT 模型的优化和应用方面进行了深入研究，并取得了一系列成果。例如，李明等人提出了一种基于 BERT 的中文文本信息提取方法，显著提高了中文文本的处理效果。此外，国内一些科技公司如百度、阿里巴巴和腾讯等，也在 BERT 模型的研究和应用上进行了大量投入，推动了 BERT 在中文 NLP 任务中的广泛应用。

5.1.2 研究意义

在密码学领域，文献资源丰富，但文献中信息密集且专业性强，这给传统的信息提取技术带来了巨大的挑战。利用 BERT 等人工智能技术对密码文献进行智能化的关键信息提取，不仅可以提高研究效率，还能促进密码学知识的传播和应用。通过深入研究 BERT 模型在密码文献信息提取中的应用，可以实现对密码文献中的关键概念、技术方法、研究成果等信息的快速准确提取，为密码学研究和实践提供有力的技术支持。

随着我国科技水平的不断提高，信息安全已成为国家安全的重要组成部分，在此背景下，加强密码学研究，提高密码技术的研究和应用水平，对于保障国家安全、促进经济社会发展具有重要意义。因此，研究密码文献关键信息提取技术不仅具有重要的理论价值，也具有广泛的应用前景和实践意义。在密码文献的关键信息提取方面，国内的研究还处于起步阶段。2022 年，王强等人提出了一种基于 BERT 的密码文献信息提取方法，能够有效提取密码学文献中的关键信息，提高了密码学研究的效率。然而，现有研究大多集中在通用文本信息提取上，针对密码文献的专门研究较少，尚需进一步深入研究和探索。

基于 BERT 的密码文献关键信息智能提取技术在国内外均取得了一定的研究成果，但仍存在许多挑战和问题。本章将针对这些问题，设计并实现一种基于 BERT 的密码文献关键信息智能提取技术，并进行系统研发实现，为密码学研究提供有效的技术支持。相较于传统的人工标注和信息提取方法，基于 BERT 的密码文献关键信息智能提取系统具有以下几个显著优势和意义：

第一，提高信息提取的准确性和效率。BERT 模型通过预训练和微调，能够更好地理解文本的上下文语义，从而提高信息提取的准确性和全面性。

第二，减轻研究人员的工作负担。传统的密码文献信息提取需要研究人员逐篇阅读和标注，工作量巨大且容易出错，基于 BERT 的智能提取系统可以自动化处理大量文献，极大地减轻了研究人员的工作负担。

第三，促进密码学知识的传播和应用。通过高效、准确地提取密码文献中的关键信息，系统能够帮助研究人员快速获取最新的研究成果和技术方法，促进密码学知识的传播和应用。综上所述，基于 BERT 的密码文献关键信息智能提取技术对于密码学研究和信息安全领域的发展具有重要意义。本章的研究不仅在理论上具有创新性和前瞻性，而且在实际应用中也具有广泛的前景和价值。通过设计和实现基于 BERT 的密码文献关键信息智能提取系统，本章旨在为密码学研究提供一种高效、准确的信息提取工具，推动密码学研究的深入发展和信息安全技术的进步。

5.2　相关理论

5.2.1　自然语言处理

自然语言处理（Natural Language Processing，NLP）是计算机科学、人工智能和语言学的交叉领域，旨在使计算机能够理解、解释和生成人类语言。NLP 的目标是让计算机能够以一种有意义的方式处理和分析大量的自然语言数据，从而实现人机交互、信息提取、文本分析等多种应用。

5.2.1.1　文本预处理

文本预处理是自然语言处理中的一个关键步骤，目的是将原始文本数据转换为适合机器学习模型处理的格式。以下是一些常见的文本预处理方法及其原理：

分词：目的是将连续的文本字符串分割成更小的单元，以便后续的处理和分析。分词在不同语言中的实现方式有所不同，尤其是在中文等不以空格分词的语言中，分词的复杂性更高。分词是将文本分割成单个词或子词的过程，对于英文，分词通常是基于空格和标点符号进行的。同时，分词又分为多种方式：基于规则的分词、基于统计的分词、基于机器学习的分词和基于字典的分词。

去除停用词：目的是删除文本中对分析任务贡献较小的词语。停用词通常是一些高频出现但对文本主题或提取分析等任务影响较小的词，如“的”“是”“在”等。去除这些词可以减少噪声，提高模型的性能和效率，也有很多方法可以用来实现去除停用词。

文本清洗：目的是将原始文本数据转换为更干净、更一致的格式，以便后续的分析和建模。文本清洗的目标是去除或修正文本中的噪声和不必要的信息，从而提高模型的性能和准确性，增强模型的泛化能力。其中常用到的操作有：去除空格，换行符或标点符号。

5.2.1.2 特征提取

特征提取是自然语言处理中的一个关键步骤，目的是将原始文本数据转换为适合机器学习模型处理的特征表示。特征提取的质量直接影响模型的性能和准确性，因此特征提取在 NLP 的过程中是相当重要的。

特征提取的重要性具体体现在：提高模型性能，高质量的特征可以显著提高机器学习模型的性能和准确性，通过特征提取，可以将高维的文本数据转换为低维的特征表示，减少计算复杂度，增强模型泛化能力，提取的特征可以帮助模型更好地泛化到未见数据，提高模型的鲁棒性，特征提取将文本数据转换为数值表示，使其适用于各种机器学习算法。

特征提取的常见方法有：

词袋模型：原理是词袋模型将文本表示为词频向量，不考虑词语的顺序。每个文档被表示为一个固定长度的向量，其中每个元素表示词典中对应词语的出现次数。

TF-IDF：是对词频的一种改进，考虑了词语在整个语料库中的重要性。通过计算 TF-IDF 的值来体现某个词语的重要性，TF-IDF 值越高，表示词语在当前文档中越重要。

词向量：词向量是将词语表示为低维的连续向量，捕捉词语之间的语义关系。常见的词向量模型包括 Word2Vec、GloVe 和 FastText。

句子向量：将整个句子表示为一个向量，捕捉句子级别的语义信息，常见的方法包括 Doc2Vec 和 BERT 等预训练模型。

N-gram 特征：N-gram 特征考虑了词语的顺序，通过提取连续的 N 个词语组合来捕捉局部上下文信息。

主题模型：主题模型通过识别文本中的潜在主题，将文档表示为主题的概率分布，常见的主题模型包括 LDA 和 LSA。

5.2.2　深度学习

深度学习（Deep Learning）是机器学习的一个子领域，基于人工神经网络，特别是深度神经网络（DNN），通过多层神经网络结构，能够自动提取数据的高层次特征，适用于处理复杂的任务，如图像识别、自然语言处理、语音识别等，目标是通过大量数据和计算资源，自动提取数据中的有用特征，从而实现高效预测和分类。

5.2.2.1　核心概念

1. 人工神经网络：人工神经网络（Artificial Neural Network，ANN）是深度学习的基础，模拟生物神经网络的结构和功能，一个人工神经网络由多个神经元（或节点）组成，这些神经元通过连接权重相互连接，神经网络通常包括输入层、隐藏层和输出层。

输入层：接收输入数据。

隐藏层：通过非线性变换提取特征。

输出层：生成最终的预测结果。

2. 深度神经网络：深度神经网络（Deep Neural Network，DNN）是指包含多个隐藏层的神经网络，通过增加隐藏层的数量，DNN 能够学习更复杂的特征和模式，深度神经网络的每一层都可以看作是对前一层输出的非线性变换。

3. 激活函数：激活函数用于引入非线性，使神经网络能够学习复杂的模式。常见的激活函数包括：

ReLU：如公式（5.1）所示。

$$f(x)=\max(0,x) \tag{5.1}$$

Sigmoid：如公式（5.2）所示。

$$f(x)=\frac{1}{1+\mathrm{e}^{-x}} \tag{5.2}$$

Tanh：如公式（5.3）所示。

$$f(x)=\tanh(x)=\frac{\mathrm{e}^{x}-\mathrm{e}^{-x}}{\mathrm{e}^{x}+\mathrm{e}^{-x}} \tag{5.3}$$

4. 损失函数：损失函数（Loss Function）用于衡量模型预测值与真实值之间的差异。常见的损失函数包括公式（5.4）所示。

$$L=\frac{1}{n}\sum_{i=1}^{n}(y_i-\hat{y}_i)^2 \tag{5.4}$$

交叉熵损失：如公式（5.5）所示。

$$L=-\frac{1}{n}\sum_{i=1}^{n}[y_i\lg(\hat{y}_i)+(1-y_i)\lg(1-\hat{y}_i)] \tag{5.5}$$

5. 反向传播：反向传播（Backpropagation）是训练神经网络关键算法，通过计算损失函数的梯度，更新网络的权重和偏置，从而最小化损失函数。反向传播的步骤包括：

前向传播：计算每一层的输出。

计算损失：使用损失函数计算预测值与真实值之间的差异。

反向传播：计算损失函数相对于每个参数的梯度。

参数更新：使用优化算法更新网络的参数。

6. 优化算法：优化算法（Optimization Algorithm）用于更新神经网络的参数，以最小化损失函数。常见的优化算法包括：

梯度下降（Gradient Descent）：如公式（5.6）所示。

$$\theta=\theta-\eta\Delta_{\theta}L \tag{5.4}$$

随机梯度下降（Stochastic Gradient Descent，SGD）：每次使用一个样本更新参数。

Adam：结合了动量和 RMSprop 的优点，具有自适应学习率。

5.2.2.2　常见模型及应用

深度学习方法主要基于不同类型的神经网络，以下是一些常见的深度学习模型：

卷积神经网络（Convolutional Neural Network，CNN）：CNN 主要用于图像处理任务，通过卷积层提取图像的局部特征，CNN 的关键组件包括卷积层、池化层和全连接层。

循环神经网络（Recurrent Neural Network，RNN）：RNN 主要用于序列数据处理任务，如自然语言处理，通过循环结构捕捉序列中的时间依赖关系，RNN 的变种包括长短期记忆网络（LSTM）和门控循环单元（GRU）。

生成对抗网络（Generative Adversarial Network，GAN）：GAN 用于生成数据，通过生成器和判别器的对抗训练生成逼真的数据，生成器生成假数据，判别器区分真假数据。

自编码器（Autoencoder）：自编码器用于数据降维和特征提取，通过编码器将输入数据压缩为低维表示，再通过解码器重建原始数据。

Transformer：Transformer 基于注意力机制，广泛应用于自然语言处理任务，如机器翻译、文本生成，BERT 和 GPT 是基于 Transformer 的预训练语言模型。

深度学习在多个领域中典型应用：图像处理：图像分类，如 ImageNet 图像分类任务。目标检测，如 YOLO、Faster R-CNN。图像生成，如 GAN

生成逼真的图像。自然语言处理：机器翻译，如 Google 翻译。文本生成，如 GPT 生成自然语言文本。情感分析，分析文本的情感倾向。语音识别：语音转文字，如 Google 语音识别。语音合成，如 WaveNet 生成自然语音。自动驾驶：物体检测，识别道路上的车辆、行人、交通标志。路径规划，规划车辆的行驶路径。医疗诊断：医学影像分析，如癌症检测、病变识别。基因组分析，如基因序列分析。

5.2.2.3 与传统机器学习的区别

虽然深度学习和传统机器学习都是机器学习领域的重要分支，但是它们在方法、应用和性能等方面存在着明显的区别，具体如下。

模型结构：传统机器学习模型通常是浅层的，包括线性回归、逻辑回归、支持向量机、决策树、随机森林和 K 近邻等，这些模型通常只有一到两层的结构，特征提取和选择需要依赖人工设计。深度学习模型是多层神经网络，通常包含多个隐藏层，常见的深度学习模型包括卷积神经网络（CNN）、循环神经网络（RNN）、生成对抗网络和变分自编码器等，深度学习能够自动从数据中提取特征，减少了对人工特征工程的依赖。

特征提取：在传统机器学习中，特征提取是一个关键步骤，需要根据领域知识手动设计和选择特征，这一过程通常耗时且复杂，而深度学习模型能够自动从原始数据中提取特征，尤其在处理图像、语音和文本等非结构化数据时，这是因为深度学习模型的多层结构能够逐层提取更高层次的特征。

数据需求：传统机器学习模型通常在中小规模数据集上表现良好，但在大规模数据集上可能表现不佳。它们对数据量的需求相对较低。深度学习模型通常需要大量的数据来训练，以充分发挥其性能。大规模数据集能够帮助深度学习模型更好地学习复杂的特征和模式。

计算资源：传统机器学习模型的计算需求相对较低，通常可以在普通计算机上运行，而深度学习模型的训练和推理需要大量的计算资源，通常需要使用高性能的 GPU 或 TPU 来加速计算。这是因为深度学习模型包含大量的

参数和复杂的计算。

应用场景：传统机器学习广泛应用于结构化数据分析，如金融预测、市场营销、医疗诊断和推荐系统等。深度学习在处理非结构化数据方面表现出色，广泛应用于图像识别、语音识别、自然语言处理、自动驾驶和游戏 AI 等领域。

总之，深度学习和传统机器学习各有优劣，传统机器学习适用于结构化数据和小规模数据集，而深度学习则在处理非结构化数据和大规模数据集时表现更为出色。

5.3 数据收集与处理

5.3.1 数据来源

为了保证数据集的准确可靠，数据收集要在权威的平台，并且覆盖的类型多样，通过综合利用以下的数据平台和多样化的文献类型，我们收集了关于密码学算法的权威、多样化的文献数据。这些数据不仅覆盖了密码学算法的理论研究，还包括了实际应用和技术创新，为我们的研究提供了坚实的数据基础。

5.3.1.1 数据平台

中国知网：中国知网（CNKI）是中国最大的学术文献数据库，拥有丰富的学术资源，包括期刊论文、学位论文、会议论文、专利、标准等，CNKI 在学术界具有重要地位，广泛被研究人员和学者使用，为了收集关于密码学算法的文献，我们使用了 CNKI 的高级搜索功能，通过关键词如“对称加密”“非对称加密”“哈希函数”等进行检索，筛选了相关的期刊论文和会议论文。

万方数据：万方数据是另一个重要的学术资源库，特别是在医学、科技、社会科学等领域。对于密码学领域，万方数据提供了大量的国内学术期刊、会议论文和学位论文。我们利用万方数据的搜索功能，通过关键词和筛选条件（如发表年份、作者、期刊影响因子等）获取了关于密码学算法的最新研究成果。

5.3.1.2　数据类型与主题

文献数据类型：本章收集的文献类型包括学术期刊、学术论文和技术报告。这些文献类型各有特点：学术期刊通常经过严格的同行评审，内容翔实，适合深入研究。学术论文包括硕士和博士论文，通常包含详细的研究背景和实验数据。技术报告，通常由研究机构或公司发布，内容信息实用，适合了解应用技术。

文献数据主题：在文献数据主题的选取上，本章选择了大量的密码学算法的主题，其中包括对称密钥加密算法、对称加密算法、非对称密钥加密算法、非对称加密算法、散列函数、哈希函数、数字签名算法、DES 算法、3DES 算法、AES 算法、RSA 算法、MD5 算法、CMT 算法、SM4 算法、IDEA 算法和 SHA 算法等诸多算法，这些算法都有着不同的步骤、操作和应用。

对称加密算法：对称加密算法是一种加密方法，其中加密和解密使用相同的密钥，由于加密和解密过程使用相同的密钥，对称加密算法通常速度较快，适合处理大量数据。

非对称加密算法：非对称加密算法使用一对密钥：公钥和私钥。公钥用于加密，私钥用于解密。由于公钥和私钥是成对存在的，公钥可以公开，而私钥必须保密。非对称加密算法通常用于密钥交换和数字签名。

哈希函数：哈希函数是一种将任意长度的输入（消息）转换为固定长度的输出（哈希值）的算法。哈希函数具有确定性、快速计算、抗碰撞性和雪崩效应的特性。

5.3.2 数据处理

在建立数据集的过程中，对本章已收集好的数据进行处理是非常关键的一个步骤，因为要想使模型可以加载并训练你的数据集，就一定要将所有数据转换成特定的一种格式，以下将详细介绍如何在创建数据集之前，将所有数据统一处理。

5.3.2.1 数据预处理

在做完数据收集的工作后，原始文献通常是非结构化的文本数据，为了使这些数据变为适合 BERT 模型训练的输入格式，需要进行以下预处理步骤：

文本清洗：在文本清洗的过程中，本章创建了一个清洗方法，首先将所有收集到的 CAJ 格式的文件转换成 TXT 格式，其次读取文件的全部内容并返回一个字节对象，再次将字节对象解码为 UTF-8 编码的字符串，最后使用正则表达式将内容中的所有换行、回车和空格清除，让文章变得连续且完整。

分句和分词：在这一步中，本章使用了两种不同的方法，分别用于处理不同的任务。为了完成抽取文档中涉及关键算法的功能。本章使用 jieba 分词工具，它是一个广泛应用于自然语言处理的中文分词工具，支持中英文并且提供了多种分词模式，并且支持自定义词典，可以用来补充 jieba 默认词典中的词汇，特别是一些类似“DES 算法”“AES 算法”和“对称加密算法”这样的专业术语或新词。对于抽取文档中关键的算法步骤功能，本章使用了 BERT 模型的分词器：Tokenizer，它能对句子进行分词，是 BERT 模型的重要组成部分，用于将输入文本转换为模型可以处理的格式，BERT 的分词器基于 WordPiece 算法，能够处理多语言文本，并将其转换为模型可接受的输入格式。

5.3.2.2 数据标注

为了将密码学文献的关键信息提取问题转化为抽取式问答格式的数据

类型，我们需要对数据进行标注。首先要理解问答数据集的数据格式，从文献中提取出关键信息并将其转化为问答对，其中关键信息就是从文献中提取出涉及的关键算法、算法步骤。为了确保标注的一致和准确性，需要严格按照一般问答数据集的格式，其中包括：问答对的格式、问题类型和答案的规范。每个问答都由一个问题和一个答案组成，问题用于引导模型提取特定信息，答案则是从文献中提取的关键信息。问题的类型有两种，一是询问“文档中的密码算法是什么？”二是询问“文档中的关键步骤是什么？”最后是关于答案的答案应尽量简洁明了，直接从文献中提取，不进行任何的修改，并且指出答案的起始位置。

在确定好标注目标与样式之后，开始具体操作，首先阅读文献，了解其内容和结构，根据标注规范，从文献中提取出关键信息，找出问题符合的答案，并将其转化为问答对。在创建答案的时候，需要准确找出答案在文献中的首个字符的起始位置，但这是一个麻烦的过程，没有快捷的方法能找出这个起始位置，因此本书编写了一个 Python 脚本来直接找出答案在文书中的起始位置，最后将这些答案和对应的文章保存好。

5.3.2.3 数据格式转换

数据格式转换是数据处理的最后一个步骤，也是最关键的步骤，BERT 模型需要特定的输入格式，本章研究中要完成问答任务，需要使用 SQuAD 格式的数据集。SQuAD（Stanford Question Answering Dataset）数据集是斯坦福大学发布的一个常用于问答任务的标准数据集，是从维基百科里面抽取出来很多的问题和很多的答案。每一个问题之后都接一个文本段，其答案有一个特点，答案必须包含在文本段里，所以该问题其实是一个抽取类型的任务，并不是重新组织问题的答案，而是只要在文本段中找到答案词，就成功了。

但是答案词可能是一个词，也有可能是很多词的组合，简单来说，SQuAD 数据集需要从一个大的文本里抽取出来几个相邻的文字来代表问题的答案。

这种输入格式有助于模型理解和处理输入文本，因此要将标注过的数据准确地转换为最终的格式并且写入数据集中。数据集的具体数据格式如图 5-1 所示。

```
{
  "title": "3DES算法原理与设计",
  "paragraphs": [
    {
      "context": "ISSN1009-3044C第om7pu卷te第rKn2o0wl期edge(a2nGd1T1ec年hno7log月y)电脑知识与技术Vol.7,No
      "qas": [
        {
          "answers": [
            {
              "answer_start": 1215,
              "text": "首先进行初始置换，对64位数据块按位重新组合，并把输出分成左半部分L0和右半部分R0，每部分各32位
            }
          ],
          "question": "文档中的算法步骤是什么？",
          "id": "5733ccbe4776f41900661273"
        },
        {
          "answers": [
            {
              "answer_start": 212,
              "text": "3DES算法"
            }
          ],
          "question": "文档中的关键算法是什么？",
          "id": "56dee99f3277331400b4d7fc"
        }
      ]
```

图 5-1　SQuAD 数据集的格式

其中“title”代表密码文献的标题，“paragraphs”代表该文章中的段落，如果按照问答数据集的数据格式，要将文章中的所有内容拆分成很多个段落，并且每个段落的 token 数量不能超过 512。本章使用了滑动窗口算法思想来处理文本超过 512 个 token 的情况，这样可以减少大量的分割段落的操作时间。“context”是上下文，也就是文章中的所有内容，对于抽取式问答来说就是在“context”中寻找答案，“qas”代表问题和答案，其中包含了“answer”，“question”和“id”三部分，其中“id”代表该“qas”的编号，“question”代表要对文本提出的问题。本章中只涉及两个问题，一是询问文档中的密码算法是什么，二是询问文档中的关键步骤是什么。“answer”代表问题的答案，其中又包括了两部分，一部分是“text”，代表着答案具体的内容，“answer_start”代表答案在文档中的起始位置。

5.4 BERT 的训练与评估

5.4.1 BERT 模型

BERT 模型全称为 Bidirectional Encoder Representations from Transformers，是一种革命性的预训练语言模型，由谷歌的 AI 团队在 2018 年提出。它在自然语言处理领域取得了突破性进展，极大地提高了自然语言处理任务的性能表现，在文本分类、问答系统、文本摘要和语言推断等任务上取得了很好的成绩。

5.4.1.1 BERT 的原理

传统的语言模型通常是单向的，即只能从左到右或从右到左捕获上下文信息，而 BERT 则采用了双向编码器，能够同时捕获左右上下文，从而更好地理解单词在句子中的语义，这是 BERT 相较之前模型的一个比较大的创新。另一个创新点是 BERT 使用了 Transformer 的注意力机制，而不是传统的循环神经网络结构，这使得 BERT 在长期依赖问题上表现更好，并且训练过程更加高效。

5.4.1.2 BERT 的预训练过程

BERT 的预训练过程采用了两个预训练任务。

1. 掩码语言模型。简称为 MLM，指在训练的时候随机从输入数据上 mask 掉一些单词，然后通过上下文预测该单词，随机掩码部分输入 token，模型需要预测被掩码的 token，这样的 MLM 操作有助于捕获双向上下文。

2. 下一句预测。简称为 NSP，任务是判断句子 B 是否是句子 A 的下文，如果是则输出 IsNext，不是则输出 NotNext，训练数据的生成方式是从平行

语料中随机抽取的连续两句话，判断两个句子是否相邻，从而学习句子之间的关系表示。

这样通过在大规模无标注语料库上进行上述预训练，BERT 可以学习到通用的语言表示，为下游的 NLP 任务做好充分准备。预训练完成后，BERT 可以通过在特定任务上进行微调来完成下游的 NLP 任务，添加任务特定的输出层。根据任务的类型，在 BERT 之上添加相应的输出层，初始化 BERT 权重。使用预训练好的 BERT 模型参数进行初始化，然后在标注数据上微调，使用有标注的任务数据，对整个模型进行端到端的微调训练。通过这种“预训练＋微调”的范式，BERT 可以快速适应新的 NLP 任务，并取得出色的性能表现。相比从头开始训练，微调 BERT 大大减少了所需的标注数据和计算资源。

5.4.1.3　BERT-Base-Multilingual-Cased 模型

本章中，为了完成中英文结合的密码文献的两种抽取式问答任务，选择使用 BERT-Base-Multilingual-Cased 模型，该模型是谷歌推出的一个多语种 BERT 基线模型，支持包括中文和英文在内的 104 种语言。该模型是在 Wikipedia 的多语种语料上预训练，主要用在为各种语言的 NLP 任务提供通用的语义表示，编码器层数为 12 层，隐藏层大小为 768，自注意头数为 12，参数量约 1.7 亿。

与单语种 BERT-base 模型相比，有一些后者不具有的优点。比如具有多语种支持的功能，能够在 104 种语言上进行文本表示和下游任务微调，支持语言包括英语、中文、法语和阿拉伯语等其他主要语言。其次，词汇覆盖广泛，基于 WordPiece 词元化方法构建词表，词表大小为 11.9 万，覆盖了多种语言的常用词汇。最后还可以区分英文的大小写，对某些任务如命名实体识别等可能更有益，比如在本书的研究中，一些关键的英文算法名称就非常需要用到这个功能。

5.4.2 BERT 预训练模型的微调

在未经过任何训练之前的原始 BERT 理论上是无法来完成问答任务的，因为只能完成两种任务，一种是 MLM，一种就是 NSP，并没有经过问答任务的训练，如果要想使 BERT 支持问答任务，就要使用 SQuAD 格式的数据集去微调 BERT，然后再用微调后的 BERT 去完成一个问答任务。

微调 bert-base-multilingual-cased 模型用于问答任务是一个复杂的过程，本章基于 Pytorch 微调 BERT 实现问答任务，微调模型之前要先准备好环境配置和数据集，最重要的库包括 transformer 和 torch，transformers 库由 Hugging Face 提供，包含了各种预训练的语言模型和工具，torch 是 PyTorch 的核心库，用于深度学习模型的构建和训练。在做完准备任务之后，开始进行 bert-base-multilingual-cased 模型的微调，BERT 模型微调的流程如图 5-2 所示。

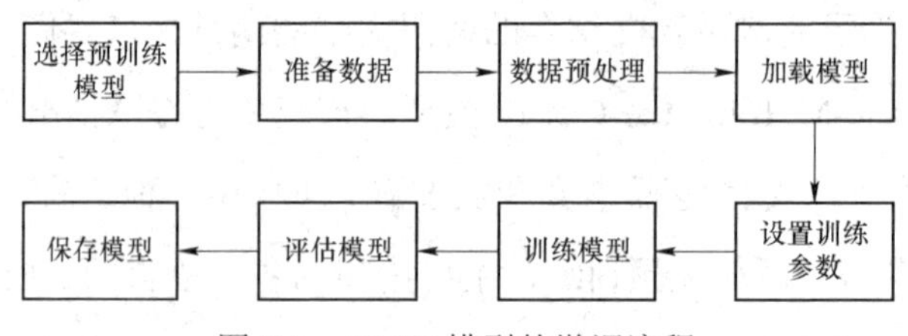

图 5-2　BERT 模型的微调流程

微调的具体步骤与细节如下：

加载预训练模型和分词器：首先需要加载预训练模型和相应的分词器，分词器的作用是将文本转换为模型可以理解的输入格式，预训练模型已经在大量的文本数据上进行了训练，具备了基本的语言理解能力。

加载预训练模型和相应的分词器具体代码如图 5-3 所示。

```
device = torch.device('cuda' if torch.cuda.is_available() else 'cpu')
tokenizer = BertTokenizerFast.from_pretrained('bert-base-multilingual-cased')
model = BertForQuestionAnswering.from_pretrained('bert-base-multilingual-cased').to(device)
```

图 5-3　预训练模型与分词器的加载

其中，第一行代码的作用是确定模型和数据应该在哪个设备上运行，检查当前系统是否有可用的 GPU，如果系统中有可用的 GPU，则将设备设置为 GPU 即“cuda”，如果没有可用的 GPU，则将设备设置为 CPU 即“cpu”，目的是利用 GPU 的强大计算能力加速模型训练和推理过程。

数据预处理：在进行模型训练之前，需要对数据进行预处理，具体就是需要将数据集中的问题和上下文进行编码。编码的过程包括将文本转换为模型可以处理的输入格式，并生成相应的答案的起始位置，这个过程通常需要考虑文本的最大长度、截断和填充等操作，以确保输入数据的一致性。在本章中，由于上下文 context 的长度在几千到几万个 tokens 之间，而 BERT 模型的输入长度限制为 512 个 tokens，如果将问答数据中的超长 context 截断，那么有很大可能会丢掉答案，因此需要采取一定的措施来确保模型能够处理这些长文本。滑动窗口算法是一种常用的方法，通过将长文本分割成多个重叠的片段来解决这个问题。本章利用了这种方法，并且有效地处理长文本，确保所有信息都能被 BERT 模型读取到，同时提高了答案定位的准确性。

创建数据加载器：预处理后的数据需要转换为 PyTorch 的数据加载器，数据加载器的作用是将数据分批次加载到模型中进行训练和验证，通常会将数据集分为训练集和验证集，训练集用于模型的训练，验证集用于评估模型的性能。创建数据加载器的具体代码如图 5-4 所示。

```
train_dataset = QADataset( file_path: '/kaggle/input/data/train.json', tokenizer, max_length=512, stride=128)
train_loader = DataLoader(train_dataset, batch_size=16, shuffle=True)
```

图 5-4　数据集加载器

其中在 QADataset 类的参数中，file_path 的作用是指定包含问答数据的 JSON 文件的路径，tokenizer 是 BERT 模型的一个分词器，用于将文本数据转换为模型可以理解的格式，max_length = 512 指定输入序列的最大长度为 512 个 token，如果输入文本的长度超过这个值，分词器会进行截断，如果长度不足，分词器会进行填充。stride = 128 表示滑动窗口的步幅，在处理长文本时，滑动窗口每次移动 128 个 token，用于将长文本分割成多个重叠的块，以确保每个块的长度不超过 max_length。步幅的选择影响块之间的重叠程度，较小的步幅会增加重叠，较大的步幅会减少重叠。

在 DataLoader 类的参数中，dataset 指要加载的数据集，batch_size=16 指定每个批次包含的样本数量为 16 个样本，批次大小影响训练效率和内存使用情况，较小的批次大小可以减少每次训练所需的内存，但可能导致训练时间较长，较大的批次大小可以提高训练效率，但同时也需要更多的内存。shuffle=True 表示在每个 epoch 开始时对数据进行随机打乱，随机打乱数据有助于防止模型记住数据的顺序，从而提高模型的泛化能力。

定义训练参数和优化器：在开始训练之前，需要定义一些训练参数和优化器，其中训练参数包括学习率、批次大小和训练轮数等参数。优化器是用于更新模型参数的算法，常用的优化器是 AdamW，在处理大规模数据和复杂模型时表现良好，也是比较市面上最常用的优化器之一，定义训练参数和优化器的具体代码如图 5-5 所示。

```
optimizer = AdamW(model.parameters(), lr=5e-5)
```

图 5-5　训练参数和优化器的定义

其中，*lr* 代表优化器的学习率，*lr*=5e-5 表示每次参数更新的步长，较小的学习率可以使模型训练更加稳定，但训练时间较长，而较大的学习率可以加快训练速度，但可能导致训练过程不稳定，甚至无法收敛，本章中 *lr*=5e-5 属于较小的学习率。

训练模型：训练过程是 bert-base-multilingual-cased 模型微调的核心部分，通常会进行多个训练轮次。在每个轮次中，模型会遍历整个训练集，每次遍历时，模型会根据输入数据进行前向传播，计算损失，然后通过反向传播更新模型参数。在每个训练轮次结束后，会使用验证集评估模型的性能，以监控模型的训练进展和防止过拟合，训练模型的具体代码如图 5-6 所示。

```
for epoch in range(3):
    model.train()
    for batch in train_loader:
        optimizer.zero_grad()
        input_ids = batch['input_ids'].to(device)
        attention_mask = batch['attention_mask'].to(device)
        start_positions = batch['start_positions'].to(device)
        end_positions = batch['end_positions'].to(device)

        outputs = model(input_ids, attention_mask=attention_mask, start_positions=start_positions,
                        end_positions=end_positions)
        loss = outputs.loss
        loss.backward()
        optimizer.step()
        print(f"Epoch {epoch}, Loss: {loss.item()}")
```

图 5-6　模型训练的具体代码

其中，外层循环 for epoch in range（3）表示模型将训练 3 个轮次，model.train()将模型设置为训练模式，这是 PyTorch 中的一个方法，用于启用 dropout 和 batch normalization。内层循环 for batch in train_loader 是批次训练的部分，具体操作是遍历数据加载器中的每个批次，optimizer.zero_grad()，然后将输入 ID、注意力掩码、答案起始和结束位置移动到指定的设备，之后进行前向传播，将输入数据传递给模型，计算输出和损失，然后通过反向传播 loss.backward()计算梯度，随后使用 optimizer.step()更新模型参数，最后打印当前批次的损失值，以便监控训练进展。

保存模型：训练完成后，需要及时保存微调后的模型。保存模型的目的是在未来可以加载和使用这个模型进行推理或进一步的微调或增量训练，保存的内容通常包括模型的权重、配置文件和分词器。保存模型的具体操作如图 5-7 所示。

```
model_save_path = "/kaggle/working/model1.pt"
torch.save(model.state_dict(), model_save_path)
print(f"训练后模型已保存到： {model_save_path}")
```

图 5-7　模型的保存

其中，在训练完成后，使用 torch.save 将模型的状态字典（即模型参数）保存到指定路径，这样可以在后续的操作中直接使用训练好的模型进行预测上下文中答案的任务。

5.4.3 微调模型的评估

微调好模型之后，进行模型评估是确保模型在实际应用中的表现是否合格的关键步骤。模型评估可以帮助我们了解模型在特定任务上的准确性，我们可以计算模型的准确率、精确率、召回率和 F1 分数等指标。这些指标可以量化模型的预测能力，帮助我们判断模型是否达到了预期的性能。微调模型的评估与具体的实现细节步骤为：

准备评估数据：评估数据通常是一个独立的数据集，与训练数据集不同，用于测试模型的泛化能力。评估数据集应该包含与训练数据集相似的结构和格式，然后进行数据加载和预处理。与训练数据类似，评估数据也需要进行预处理，具体代码如图 5-8 所示。

```
eval_dataset = QADataset( file_path: '/kaggle/input/testmodel/test.json', tokenizer, max_length=512, stride=128)
eval_loader = DataLoader(eval_dataset, batch_size=16, shuffle=False)
```

图 5-8　加载数据集并进行预处理

这两段代码中也用到了 QADataset 这个预处理数据的方法。

加载微调之后的模型：在评估之前，需要加载微调后的模型，并将模型设置到评估模式，加载 BERT 模型分词器。其具体代码如图 5-9 所示。

```
device = torch.device('cuda' if torch.cuda.is_available() else 'cpu')
tokenizer = BertTokenizerFast.from_pretrained('bert-base-multilingual-cased')
model = BertForQuestionAnswering.from_pretrained('bert-base-multilingual-cased')
model.load_state_dict(torch.load('/kaggle/input/model4/pytorch/model4/1/model4 (1).pt'))
model.to(device)
model.eval()
```

图 5-9　加载微调后的模型

在这段代码中，使用 load_state_dict 方法并使用 pytorch 来加载已训练好的模型，并使用 model.eval 方法来将模型设置成评估模式。

进行推理：在评估过程中，模型将对每个样本进行推理，生成预测结果，在推理的过程中包括前向传播和收集数据。前向传播是指将输入数据传递给

模型，计算模型的输出，在评估过程中，只需要进行前向传播，不需要计算梯度和进行参数更新。然后将模型的预测结果和真实答案收集起来，用于后续的评估指标计算。推理过程的代码如图 5-10 所示。

```
all_predictions = []
all_true_answers = []

with torch.no_grad():
    for batch in eval_loader:
        input_ids = batch['input_ids'].to(device)
        attention_mask = batch['attention_mask'].to(device)
        start_positions = batch['start_positions'].to(device)
        end_positions = batch['end_positions'].to(device)

        outputs = model(input_ids, attention_mask=attention_mask)
        start_logits = outputs.start_logits
        end_logits = outputs.end_logits

        start_predictions = torch.argmax(start_logits, dim=1)
        end_predictions = torch.argmax(end_logits, dim=1)

        all_predictions.append((start_predictions, end_predictions))
        all_true_answers.append((start_positions, end_positions))
```

图 5-10　进行推理的过程

其中，在这段代码中，首先初始化两个空列表，用于存储模型的预测结果和真实答案，使用 with torch.no_grad()来表明在评估过程中不需要计算梯度。然后遍历评估数据加载器 eval_loader，逐批次处理评估数据，将输入 ID、注意力掩码、答案起始位置和结束位置移动到指定的设备，这样可以利用 GPU 来加速推理的过程。随后将输入数据传递给模型，进行前向传播，计算模型的输出也就是起始位置和结束位置的 logits，对起始位置和结束位置的 logits 进行 argmax 操作，torch.argmax 能返回每个样本中最大值的索引，从而获取预测的起始位置和结束位置。最后将每个批次的预测结果和真实答案添加到 all_predictions 和 all_true_answers 列表中，在评估结束后进行统一计算评估指标。

计算评估指标：评估指标用于量化模型的性能，对于问答任务，常用的评估指标包括准确率、F1 分数和 EM 分数，这三个指标的意义与在本章中的具体实现如下：

准确率（Accuracy）：用于衡量模型预测的正确率，即正确预测的样本数除以总样本数，具体计算如公式（5.7）所示。

$$\text{Accuracy} = \frac{\text{TP} + \text{TN}}{\text{TP} + \text{TN} + \text{FP} + \text{FN}} \tag{5.7}$$

其中 TP 表示将正确示例正确预测为正确的数量，TN 表示将错误示例正确预测为错误的数量，FP 表示将错误示例错误预测为正确的数量，FN 表示将正确示例错误预测为错误的数量。Accuracy 的值域为 0-1，值越接近 1，模型的预测效果越好。在本章中的具体实现代码如图 5-11 所示。

```
1 个用法
def compute_accuracy(predictions, true_answers):
    correct = 0
    total = 0
    for (start_pred, end_pred), (start_true, end_true) in zip(predictions, true_answers):
        correct += ((start_pred == start_true) & (end_pred == end_true)).sum().item()
        total += start_pred.size(0)
    return correct / total
```

图 5-11　评估模型准确率

F1 分数：F1 分数是精确率（Precision）和召回率（Recall）的调和平均数，特别适用于不平衡数据集，综合了模型的精确性和召回能力，具体计算公式如式（5.8）所示。

$$\text{F1 Score} = 2 \times \frac{\text{Precision} \times \text{Recall}}{\text{Precision} + \text{Recall}} \tag{5.8}$$

其中 Precision = TP/（TP + FP），Recall = TP/（TP + FN）。F1 Score 的值越接近 1，模型的性能越好。在本章中的具体实现代码如图 5-12 所示。

EM 分数：是指预测的答案与真实答案完全匹配的比例，值越接近 1，表示模型生成的答案与人工标注的答案越接近。本章中的具体实现代码如图 5-13 所示。

```
1 个用法
def compute_f1(predictions, true_answers):
    total_f1 = 0
    for (start_pred, end_pred), (start_true, end_true) in zip(predictions, true_answers):
        for sp, ep, st, et in zip(start_pred, end_pred, start_true, end_true):
            pred_span = set(range(sp.item(), ep.item() + 1))
            true_span = set(range(st.item(), et.item() + 1))
            common = pred_span.intersection(true_span)
            if len(common) == 0:
                f1 = 0
            else:
                precision = len(common) / len(pred_span)
                recall = len(common) / len(true_span)
                f1 = 2 * (precision * recall) / (precision + recall)
            total_f1 += f1
    return total_f1 / len(predictions)
```

图 5-12　评估模型 F1 分数

```
1 个用法
def compute_exact_match(predictions, true_answers):
    exact_match = 0
    total = 0
    for (start_pred, end_pred), (start_true, end_true) in zip(predictions, true_answers):
        exact_match += ((start_pred == start_true) & (end_pred == end_true)).sum().item()
        total += start_pred.size(0)
    return exact_match / total
```

图 5-13　评估模型 EM 分数

评估结果可视化：可视化评估结果可以帮助更直观地理解模型的表现，可以使用可视化工具和库来实现，在本章中使用了 Matplotlib 来绘制评估指标的图表，Matplotlib 是一个广泛使用的 Python 绘图库，用于创建静态、动态和交互式的图表。提供了丰富的功能，可以生成各种类型的图表，如折线图、柱状图、散点图、饼图等。在本章中的具体使用代码如图 5-14 所示。

```
metrics = ['Accuracy', 'F1 Score', 'Exact Match']
scores = [accuracy, f1_score, exact_match_score]

plt.bar(metrics, scores)
plt.xlabel('Metrics')
plt.ylabel('Scores')
plt.title('Model Evaluation Metrics')
plt.show()
```

图 5-14　用 Matplotlib 进行评估

结合以上所有步骤，运行模型评估的代码后，得到的评估结果如图 5-15 所示。

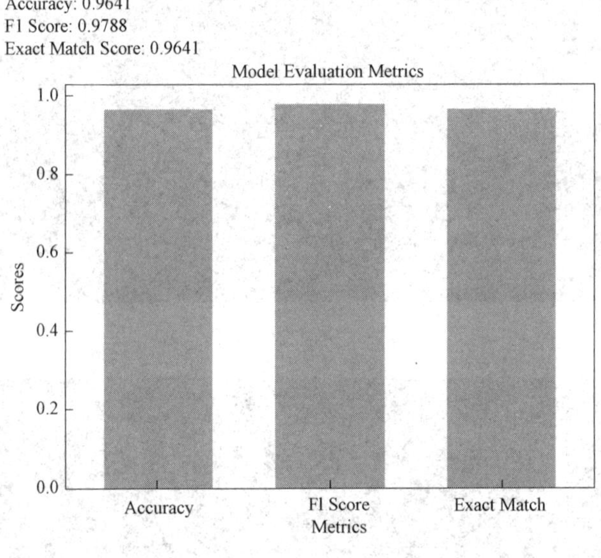

图 5-15　Matplotlib 的评估结果

该结果中三个指标的值都非常接近最好值 1，因此证明该模型在预测和生成等方面的表现都非常优秀，达到了比较高的水准。

5.5　系统设计与实现

5.5.1　系统需求分析

近年来，随着信息技术的高速发展，密码学作为信息安全的核心技术，变得越来越重要，密码文献作为密码学研究的重要资源，包含了大量的技术细节、研究成果和创新方法，然而密码文献通常具有高度的专业性和复杂性，传统的人工标注和信息提取方法不仅耗时耗力，而且难以保证准确性和全面性。

针对以上问题，本章研究了基于 BERT 的密码文献关键信息智能提取技术，并进行系统实现，可以提高信息提取的准确性和效率并减轻研究人员的工作负担，通过对大量密码文献数据的训练和优化，能够高效、准确地提取出文献中的关键算法与算法关键步骤，为密码学研究提供有力的技术支持。

5.5.2　系统开发环境

一个良好的系统开发环境对于系统开发的成功至关重要，好的系统环境可以提高开发效率，本章将从硬件环境与软件环境两个方面来介绍。

本章使用了一个高效的数据科学和机器学习平台 Kaggle，可以解决硬件平台效率低下的问题。Kaggle 的在线访问网址是：www.kaggle.com，在 Kaggle 上进行深度学习模型的训练和测试是一个非常方便和高效的过程，Kaggle 提供了强大的工具和资源，使得用户可以在云端进行深度学习模型的开发、训练和测试。Kaggle 工作台如图 5-16 所示。

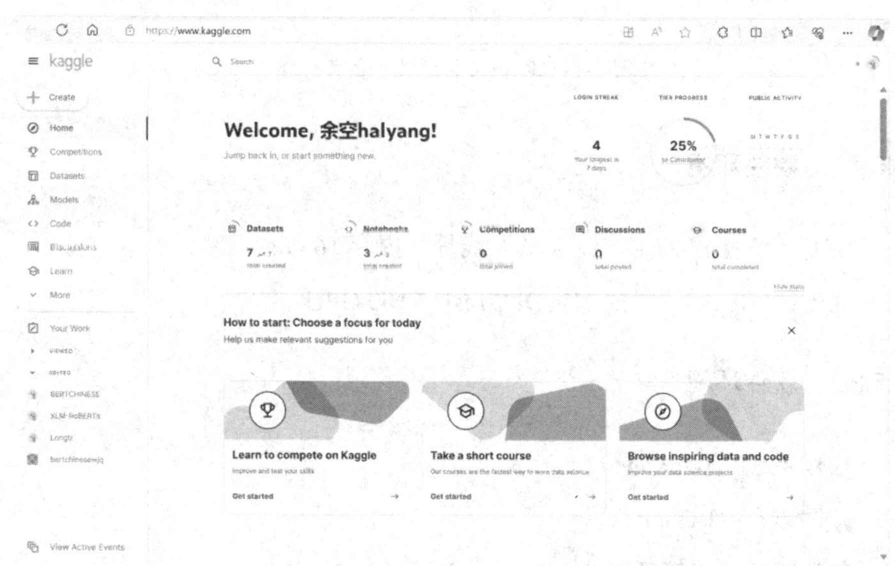

图 5-16　Kaggle 工作台

在该网站左侧的 Datasets 中，可以上传数据集或使用 Kaggle 提供的在线数据集，在 Models 中上传 BERT 模型提供的预训练模型或自己已经实现的模型，在 Code 中创建工作区，编写微调模型的代码并使用 Kaggle 提供的 NVIDIA Tesla P100 GPU 来高效地完成微调任务。本章训练模型的工作区如图 5-17 所示。

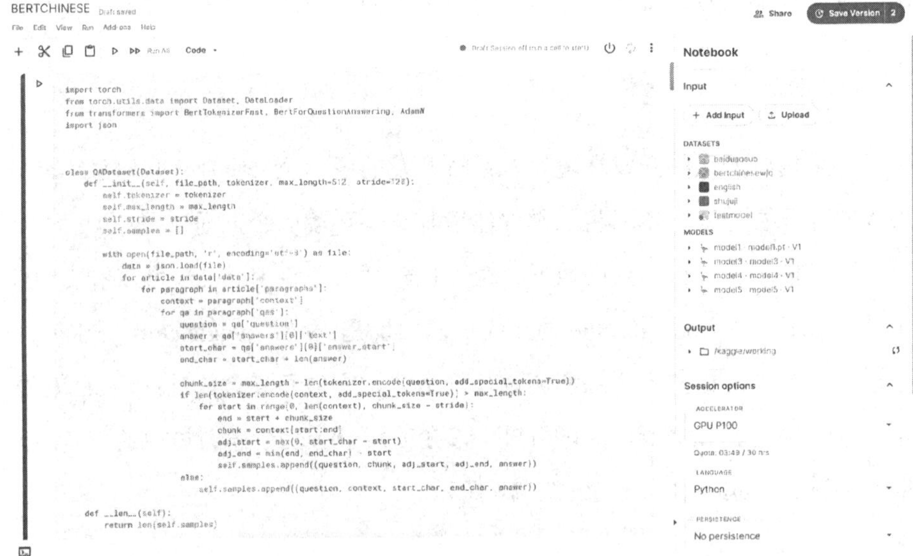

图 5-17　Kaggle 训练模型的工作区

5.5.2.1　硬件环境

CPU：酷睿 i7-11370H，4 核 8 线程，内存 16 GB

GPU：Kaggle 提供的 NVIDIA Tesla P100 GPU

5.5.2.2　软件环境

操作系统：Windows11

开发语言：Python

包管理和环境管理工具：Anaconda3

编译器：Pycharm、Kaggle

深度学习框架：PyTorch

前端框架：Vue3

后端框架：Flask

后端系统开发所需的软件及库的版本如表 5-1 所示。

表 5-1　后端系统开发所需的软件及库的版本

软件或库	版本
开发语言	Python 3.7.16
深度学习框架	PyTorch 1.13.1
Python Web 端框架	Flask 2.2.2
Hugging Face 的模型库	huggingface_hub 0.10.1
中文文本分词的 Python 库	jeiba 0.42.1
可视化图表的 Python 库	matplotlib 3.5.3
科学计算的基础库	numpy 1.21.5
Python 的包管理工具	pip 22.3.1
文本分词库	tokenizers 0.11.4
预训练的 Transformer 模型库	Transformers 4.24.0
显示进度条的 Python 库	tqdm 4.64.1

前端系统开发所需的软件及库的版本如表 5-2 所示。

表 5-2　前端系统开发所需的软件及库的版本

软件或库	版本
渐进式 JavaScript 框架	Vue 3.2.13
Vue.js 的路由管理器	Vue-router 4.0.3
Vue.js 的状态管理器	Vuex 4.0.0
桌面端组件库	element-plus 2.7.1
模块化的标准库	core-js 3.8.3
HTTP 请求库	axios 1.6.8

5.5.3　系统开发技术

本章在开发技术的选择上，结合了性能与效率等多个方面进行深入考虑，选择了在系统前端使用 Vue.js＋ElementUI Plus 实现，在后端使用 Flask

这个 Web 框架，在深度学习框架中选择 PyTorch。

5.5.3.1 Vue.js 框架

Vue.js 是一个用于构建用户界面的渐进式 JavaScript 框架，具有简洁、灵活和高效的特点。Vue.js 提供了响应式数据绑定和组件化开发模式，使得数据和视图之间的同步变得非常简单，并且允许开发者将页面拆分为多个独立的、可复用的组件，使用虚拟 DOM 来优化性能，通过高效的差分算法将数据变化应用到真实 DOM 上。Vue.js 的生态系统包括 Vue Router、Vuex 和 Vue CLI 等工具，支持单页面应用的路由管理、全局状态管理和项目脚手架。由于 Vue.js 易于上手的语法、强大的社区支持和丰富的第三方插件，成为现代前端开发中不可或缺的重要工具。通过 Vue Devtools，开发者可以在浏览器中方便地调试和分析 Vue.js 应用。Vue.js 技术整体架构的结构如图 5-18 所示。

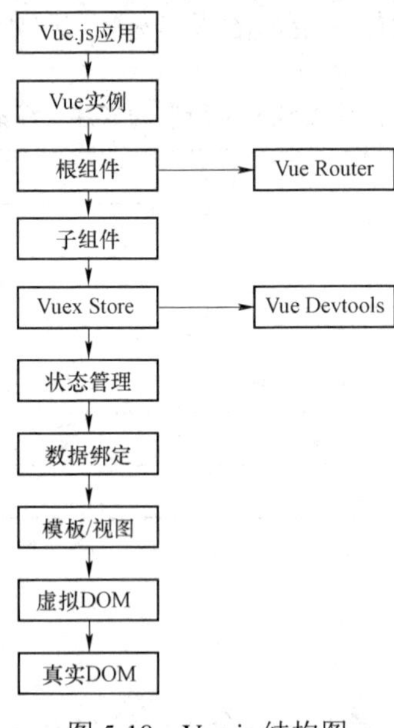

图 5-18 Vue.js 结构图

5.5.3.2　Flask 框架

本章选用了 Flask 框架来构建 Web 应用后端而没选择更加流行的 Django 框架，两者的区别如下：

Flask 是一个轻量级的微框架，提供基本的 Web 开发功能，如路由、请求处理和模板渲染，具有高度的灵活性和可扩展性，适合小型项目、微服务和快速原型设计。

Django 是一个全栈框架，内置了丰富的功能和工具，包括 ORM、表单处理、用户认证和自动生成的管理后台，遵循“电池全包”理念，提供统一的项目结构和开发规范，适合大型项目、企业级应用，能够快速构建和上线功能完备的应用。结合研究内容，本章最终选择使用 Flask 框架构建后端。

5.5.3.3　PyTorch 框架

TensorFlow 和 PyTorch 是目前深度学习领域最流行的两个框架，TensorFlow 偏向于生产环境和规模化部署，支持静态图和动态图，提供全面的工具集如 TensorBoard 和 TensorFlow Serving，适合大规模训练和推理任务。PyTorch 侧重于研究和开发的灵活性，采用动态计算图，易于学习和使用，特别适合快速迭代和实验，因此本章在深度学习的框架选择上使用了 PyTorch 框架。

5.5.4　系统实现

本章基于 BERT 的预训练模型进行微调，完成了设计时构想的所有功能，实现了从密码文献中提取关键信息的功能。

系统的主界面如图 5-19 所示。

图 5-19　系统主界面

点击界面中的文件上传位置并选择文件或者直接将 txt 格式的文件拖入到上方的上传框中，然后点击上传文档按钮完成上传功能，具体操作如图 5-20 和图 5-21 所示。

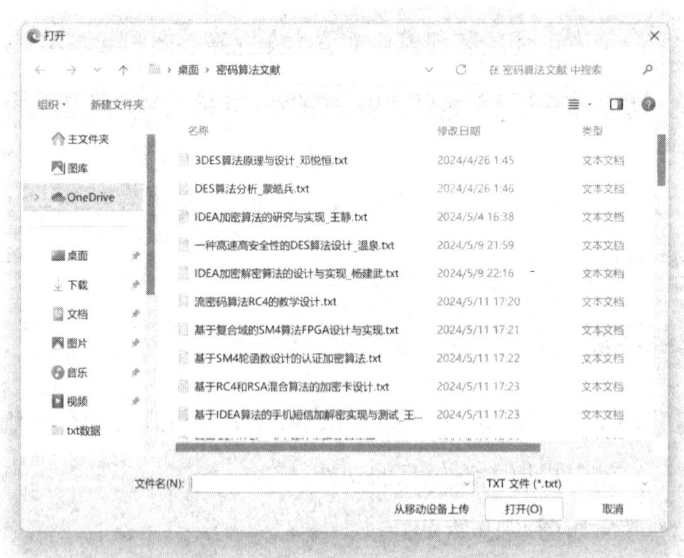

图 5-20　选择上传文件

图 5-21　上传等待结果

在上传文档后，需要等待十秒到几十秒的时间，等待生成提取结果，具体的等待时间要根据所上传的文档的大小来决定。上传文档并提取结果完成后的结果如图 5-22 所示。

图 5-22　文档提取结果

在创建数据集的过程中，由于 SQuAD 数据集的格式的特殊，需要在数据集中，准确地标出答案在整个文档中的起始位置，该步骤在创建数据集的过程中是一个复杂且麻烦的过程，因此下面编写了一个查找起始位置的工具，工具的界面如图 5-23 所示。

文本信息

选择问题：文档中的算法步骤是什么？ 文档中的关键算法是什么？

答案：输入要搜索的文本

选取文件

上传文档

生成数据

Context

Question 文档中的算法步骤是什么？

Answer

Answer_Start

图 5-23　数据标注工具界面

在该界面上点击选取文件并选择后，输入答案的文本，随后点击上传文档按钮即可返回出结果并可直接用于 SQuAD 数据集中。生成数据的结果如图 5-24 所示。

文本信息

选择问题：文档中的算法步骤是什么？ 文档中的关键算法是什么？

答案：DES 算法，首先将明文编码分成若干

选取文件

DES算法分析_廖晓兵.txt

上传文档

生成数据

Context computer学术 技术securityDES算法分析廖晓兵，

Question 文档中的算法步骤是什么？

Answer DES算法，首先将明文编码分成若干个64比特位的分组，算法每次以一个分组作为输入，

Answer_Start 1446

图 5-24　生成的数据

5.6　本章小结

本章针对密码文献中的关键信息提取问题，提出并设计基于 BERT 的密码文献关键信息智能提取技术，并进行系统实现。该技术和系统以 BERT 模型为算法基础，实现在大量复杂的密码文献中快速、准确地提取出关键信息，提高密码学研究的效率，促进信息安全领域的发展。系统的开发采用了 Vue.js、Flask 和 PyTorch 等现代软件开发技术，确保了系统的高效性和可靠性。

首先，本章通过自定义标注出一个适合问答系统的 SQuAD 格式数据集，将从密码学文献中抽取关键信息的任务转化成 BERT 模型中常用到的问答系统任务，然后，对 BERT 预训练模型进行微调，并对微调后的模型进行评估后得出，该微调后的模型可以实现高效、快速地从密码学文献中进行信息抽取。

其中，为了保证微调后的模型有较好的性能，本章采用测试集，并使用 BERT 的评估模式，对模型进行评估。评估结果显示，该模型的准确率达到了 0.9641，F1 分数达到了 0.9788，EM 分数达到了 0.9641，证明模型的性能达到了优秀的水准。

综上所述，本章综合应用 BERT 预训练模型、PyTorch 深度学习框架、Flask 技术以及 Vue.js 技术，提出并设计了一个基于 BERT 的密码文献关键信息智能提取技术，并进行系统实现，初步实现了高效、准确地提取密码文献中的关键信息的技术和系统功能，从而减轻密码研究人员的工作负担。实验结果表明，该系统可以在实际场景中，快速且高效提取出密码文献中的关键信息。

在未来的研究可以继续从以下的几个方面进行：进一步优化 BERT 模型的结构和参数，提高模型在特定任务上的性能和准确性；扩大和丰富训练和测试所用的数据集，提高模型的泛化能力和鲁棒性；将基于 BERT 的关键信息提取技术应用到更多学术领域，如法学、医学、文学等专业文献的信息提取等。

第 6 章　基于 LSTM 的密码算法智能规范化表示技术

随着人工智能技术的飞速发展以及计算机技术的广泛应用，数字化时代已然来临，人们在使用社交软件、支付工具、通信设备时必然涉及大量重要数据的产生和存储，数据已经成为人们日常生活中不可缺少的一部分。然而，随着网络攻击和数据泄露事件的频发，数据安全问题日益凸显，数据加密作为保障数据安全的重要手段，发挥着至关重要的作用。

信息安全需求使得密码算法的规模和复杂度大大提高，人们对密码算法的分析和研究也越来越深入和复杂。一方面密码算法体系庞大，结构多样，并且会不断更新变化，对每种密码单独进行分析效率不高；另一方面密码设计者会根据数据加密需求和自己的认识来设计算法，没有统一的标准，在分析时更加困难。因此，为了更好地理解、应用和创新密码算法，需要建立一种智能规范化表示方法，将各种密码算法以统一、清晰、易于理解的方式进行描述。这有助于推动密码技术在各个领域的广泛应用，提升整体的信息安全水平。

本章主要根据现有的密码算法组件模型，设计建立密码算法的统一规范化表示模型，制定出相关转化规则。通过设计深度学习模型处理密码算法中复杂的非线性关系，捕捉密码算法中细微的差异和变化，从而实现对密码算

法中的常用操作如密钥扩展、轮函数、S 盒、P 盒给出粗粒度表示，方便研究比较和应用。

深度学习模型具有强大的特征提取能力，通过学习大量的密码算法样本，自动提取出这些算法结构特性、参数设置、功能等。目前国内外已经在密码算法统一描述模型上做了分析和研究，但使用深度学习技术来实现密码算法的识别和分析并没有太多案例。

本章在实现密码算法智能规范化表示系统时，首先进行数据收集与预处理，建立数据集，划分数据集为训练集、验证集和测试集；然后进行深度学习模型选择与设计，选择使用循环神经网络 RNN、Transformer 等模型，设计模型的架构，包括输入层、隐藏层、输出层等，输入层接收包含操作信息的特征向量，输出层输出相应的粗粒度描述；在确定合适的学习模型后，进而完成模型训练；最后设计展示界面，集成系统，完成文档的编写与系统的维护。

本章的主要内容及具体组织结构如下：

第 6.1 节介绍本课题的研究背景和意义，以及具体国内外研究现状。

第 6.2 节讲述密码算法的基本知识，对常用密码算法进行结构分析和原理分析，并简述其中各组成部件的概念及作用，在分组密码统一描述模型的基础上建立密码算法的规范化表示模型。

第 6.3 节讲述深度学习基本概念，重点研究循环神经网络 RNN 以及长短期记忆网络 LSTM 原理和应用。

第 6.4 节进行数据的采集与处理工作，包括密码算法数据的收集、预处理以及数据集的制作。

第 6.5 节讲述算法模型的部署与训练，同时包含了对模型的测试、优化、迭代，并简要说明了在搭建和训练模型时遇到的难题和解决方案。

第 6.6 节进行密码算法智能规范化表示系统的整体设计，项目的实施与集成测试，并对相关功能进行了测试和验证。

第 6.7 节最后对本章内容进行了总结。

6.1 研究背景和意义

6.1.1 研究背景

密码技术是信息安全的核心技术。计算机技术的飞速发展正推动着密码技术向更多元化的领域渗透。随着物联网、移动互联网应用的快速发展，包含密码的各种硬件设备，如金融 IC 卡、门禁、密码锁、手机卡、公交卡、手机终端等，已逐步成为生活中必需的元素，软件加密技术被广泛使用，使用密码技术不仅可以保证信息的机密性，而且可以保证信息的完整性和确证性，防止信息被篡改、伪造和假冒。高级加密标准（AES，Advanced Encryption Standard）作为最常见的对称加密算法已经被普遍应用于通信数据加密，微信小程序的加密传输就用到 AES 算法。

工信部在 2023 年关于促进数据安全产业发展的指导意见中明确指出，要推动数据安全产业高质量发展，提高各行业各领域数据安全保障能力，提出到 2025 年数据安全产业基础能力和综合实力明显增强的发展目标。因此研究数据加密技术以及其中的密码算法是相当必要的，对密码算法进行研究、分析和描述是更好地理解、应用和创新密码算法的基础，有助于研究者对算法的利用和改进，在很大程度上确保数据的安全。

随着预训练语言模型 Pretrained Language Models 范式的蓬勃发展，越来越多的研究将其运用到各种自然语言处理任务中以取得 SOTA 效果，例如 BERT 解决语言理解和 GPT 解决语言生成。预训练语言模型，在对庞大的语料集进行深入的学习后，不仅能够精准地捕捉和解析自然语言的深层含义，还可以模拟人类语言习惯，以流畅自然的方式表达思想，这使得预训练语言模型在文本生成领域具有显著优势。

6.1.2 研究意义

目前国内外已经在分组密码算法统一描述模型上做了分析和研究，文献将分组统一描述模型分为五层，依次为：基本运算组件、中间层组件、类型组件、结构组件和完整加密组件。并在此基础上利用高级语言 C 以及 Flex、Bison 等工具进行解析器的设计。国外研究者 Arieh Bibliowicz 从统一描述分组密码结构的角度，提出了构造分组密码辅助分析系统的设想，他用自己定义的一套形式化语言描述一些分组密码算法，然后在此基础上对这些分组密码进行自动化的分析，提高了密码分析的效率。

密码算法智能规范化表示可看成一项文本生成任务，目前，深度神经网络模型在文本生成研究中已取得重大进展，其优势在于深度神经网络可以端到端的学习输入数据到输出文本的语义映射，而不需要人工参与进行特征工程。

随着量子计算领域的不断进步，密码分析技术不断更新和发展，传统的加密方法正面临着前所未有的安全挑战。为了应对这一挑战，科研人员正致力于探索将先进的加密算法与人工智能技术相结合，以期实现更高效、更智能、更安全的密码系统。这种跨学科的融合研究，为未来的网络安全领域提供了坚实的技术支撑。

密码算法的规模和复杂程度使得人们难以利用现有的工具对其进行分析，为了更好地理解、应用和创新密码算法，需要建立一种智能规范化表示方法，结合深度学习模型对输入的密码算法进行分析，对其中的密钥、轮函数、S 盒、P 盒等结构做出粗粒度表述，进而将各种密码算法以统一、清晰、易于理解的方式进行描述。有助于推动密码技术在各个领域的广泛应用，提升整体的信息安全水平。

6.2 密码算法相关理论

本章首先需要分析密码算法的组织结构和各个部分的运行规律，对Feistel、SP等结构的密码算法流程及特征进行详细研究，根据输入、密钥扩展、初始化、轮函数、基本运算、S盒、P盒、输出这8过程，制定一套密码算法的粗粒度表示模型，在此基础上制作用于模型训练的数据集，通过构建、训练和优化其中的算法，最终完成对用户输入的密码算法进行大致描述，并为后续的流程图分析建立基础。

6.2.1 密码算法分类

密码算法主要分为对称密码、非对称密码两大类，具体如图6-1所示。

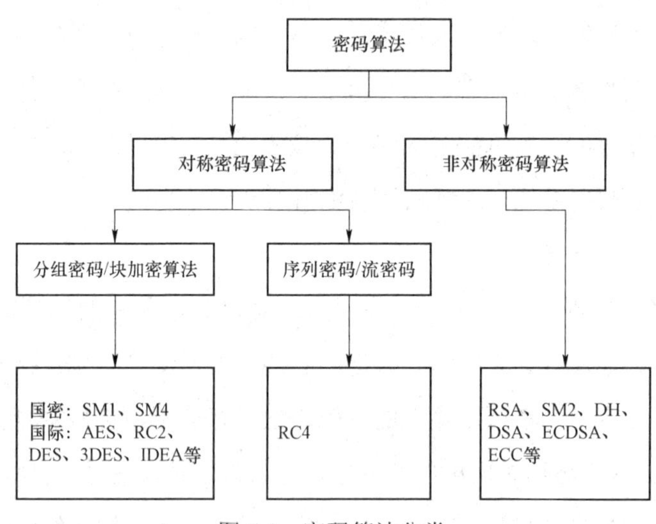

图6-1 密码算法分类

6.2.1.1 对称密码算法

对称密码算法是加密和解密使用相同密钥的算法，常见的对称加密算法

有 DES、IDEA、AES、SM4 等。从加密原理上来看，可将对称加密算法分为分组密码算法和流密码算法。分组密码算法是将待加密的明文信息划分为一系列固定长度的数据块，每个数据块都使用相同的密钥和算法进行独立的加密处理，加密后的数据块将按照它们在原始明文中的顺序重新组合，形成最终的密文。而流密码算法则是逐字节地对明文进行加密和解密操作。

（1）分组密码

大部分分组密码的设计由 Feistel 结构和 SP 结构组成，这些结构是轮函数的重要组成部分，从分组密码的实现细节来看，包含置换、S 盒变换与密钥的混合，以及有限域上的加、减、乘等基本操作，尽管这些操作在不同密码算法中实现细节可能不同，但可将其抽象为统一组件进行描述，进而实现密码算法的规范化表示与输出。例如对 DES 算法进行规范化描述大致包含输入、密钥调度、初始变换、16 轮 Feistel 结构、逆初始变换和输出六个过程。

（2）流密码

流密码在加密明文信息时，每次处理 1 个字节。通过伪随机数生成算法从较短的初始密钥中扩展密钥流，这种处理方式使得流密码在加密和解密数据时具有高度的实时性和灵活性。流密码的密钥长度与明文的长度往往是相同的，其核心思想是通过一个密钥流与明文进行某种操作来生成密文。

当明文已知时，通过对比明文和密文，可以轻松地推导出用于加密的密钥流。因此密钥流的生成是流密码安全性的关键，生成一个难以预测的密钥流，就需要一个设计精良的伪随机数生成器 PRNG，可用线性反馈移位寄存器 LFSR 实现，通过特定的反馈逻辑和初始状态来生成看似随机的序列。还有一些特殊设计的流密码算法，如 RC4 使用了一个可变长度的密钥，并通过一系列复杂的操作和变换来生成密钥流。

线性反馈移位寄存器 LFSR 结构图如图 6-2 所示。

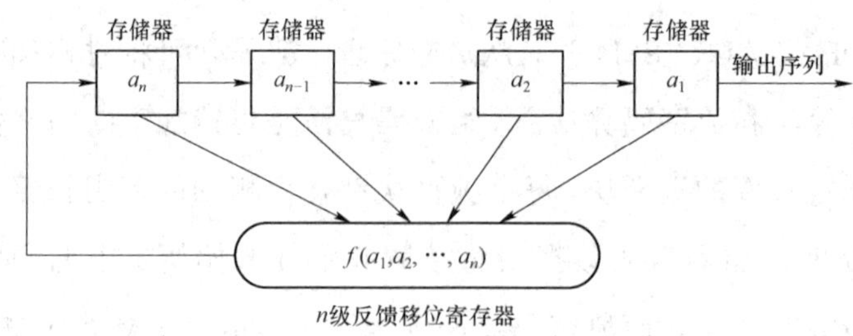

图 6-2　n 级反馈移位寄存器

6.2.1.2　非对称密码算法

加密和解密使用不同密钥的算法，又称为公开密钥算法或公钥算法。公钥用于加密数据，私钥用于解密数据，从公钥推算出私钥是非常困难的。这种算法的安全性依赖于数学问题的难度，如大数分解和离散对数等。常见的非对称加密算法有 RSA、DH、DSA、ECDSA、ECC、SM2 等。

6.2.2　密码算法结构

分组密码是现代密码学的重要体制之一，也是应用最广泛、影响最大的一种密码，因此本章重点以分组密码为例来研究常见密码算法的原理和结构特征，并将此应用于密码算法规范化表示模型的建立，根据其中的结构特征来建立描述的规则。

6.2.2.1　Feistel 结构

Feistel 结构密码算法的特征是每轮加密操作会将明文或上一轮的密文分为左右两部分，通常表示为 L 和 R。每一轮中，右半部分 R 会经过一个轮函数 F 的处理，并与左半部分 L 进行某种形式的组合（如异或操作），然后左右两部分进行交换。经过多轮这样的操作后，得到最终的密文。其加密和解密过程非常相似，甚至可以使用相同的结构来实现，这使得 Feistel 结构在硬件实现上具有较高的效率。

采用 Feistel 结构的算法有 DES、Blowfish、FEAL、GOST 和 CAST 等，

AES 的 15 个候选算法中，CAST-256、Deal、DFC、E2、LOKI97、Magenta、Mars、RC6、Twofish 采用了 Feistel 结构。DES 算法加密流程如图 6-3 所示。

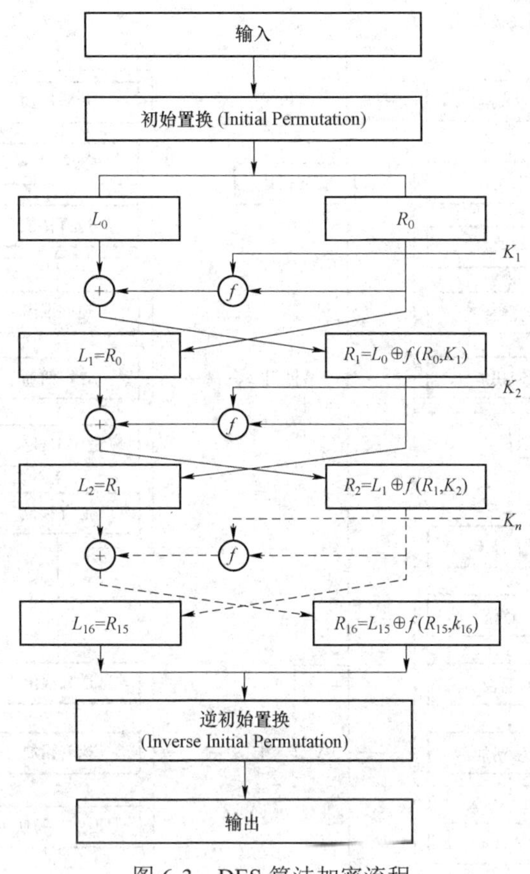

图 6-3　DES 算法加密流程

6.2.2.2　SP 结构

SP 结构中的“S”代表 Substitution（替换），而“P”代表 Permutation（置换）。在 SP 结构中，每轮加密操作会对整个分组数据进行替换和置换操作。替换操作通常是通过一个 S 盒（Substitution box）来实现的，用于混淆明文数据；而置换操作则用于扩散明文数据的影响，使得明文中的每一位都对最终的密文产生影响。

相比 Feistel 结构，SP 结构通常能得到更快的扩散效果，因此更适宜于硬件实现。采用 SP 结构的算法有 AES、Safer+、Shark、Square 和 Serpent 等，AES 算法加密和解密流程如图 6-4 所示。

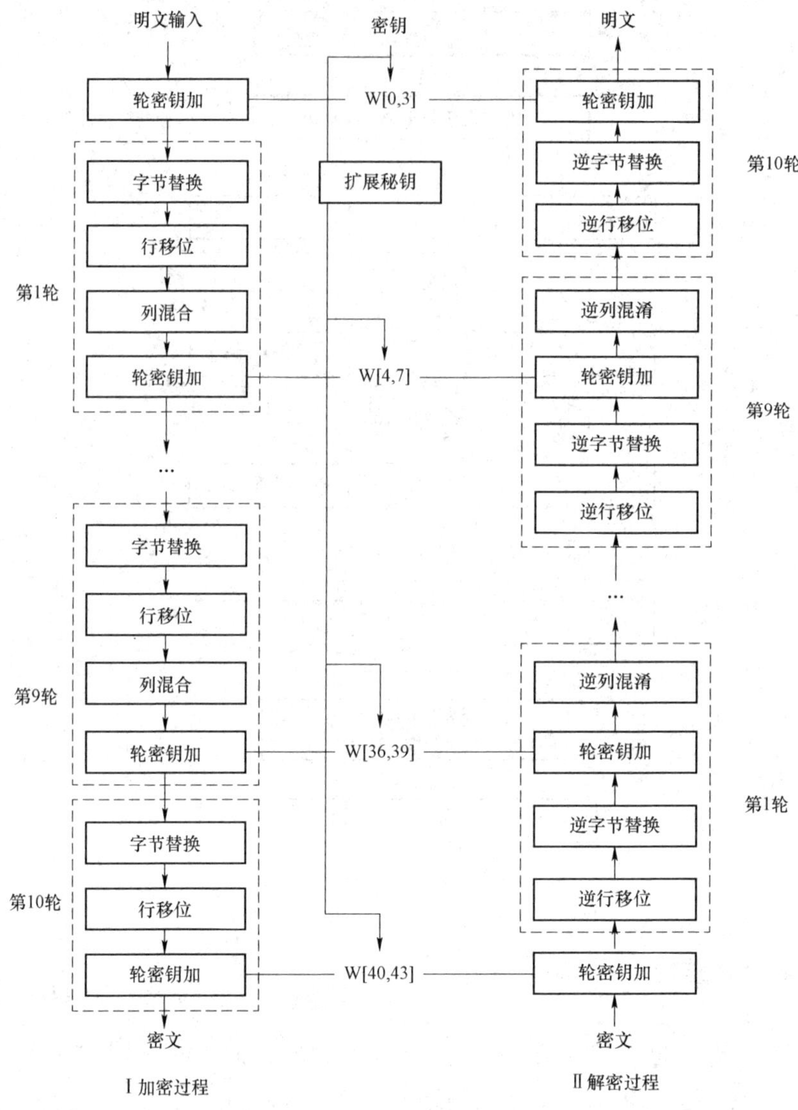

图 6-4　AES 算法加密流程

6.2.2.3　通用组件

从 Feistel 结构和 SP 结构的分组密码算法结构可以看出，虽然它们实现

加密、解密的原理和流程各不相同，但都有相似的组成部分，比如“输入”“密钥扩展”“初始化”“轮函数”等，这些可被视为通用组件。

根据分组密码的组件关系，建立统一规范化表示模型，包含五个基本组件，即基本运算组件、中间组件、类型组件、结构组件、加密组件，其中较为核心的是基本运算组件和结构组件。将复杂的密码算法实现抽象为简单的组件进行表示，我们可以清楚观察整个密码算法的执行流程及原理，上一级的组件可以从更下一级别的组件中找到依据，基本组件又包含密码算法中的诸多小组件。

密码算法规范化表示模型结构及组件关系如图 6-5 所示。

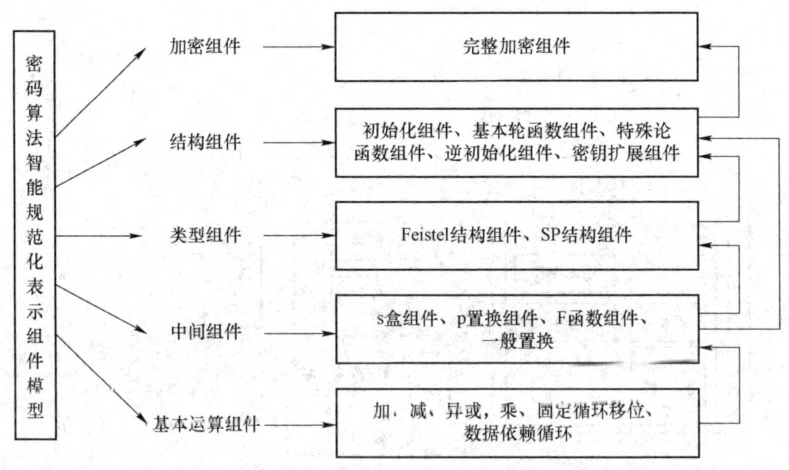

图 6-5　密码算法智能规范化表示组件模型结构图

根据上述通用组件以及密码算法的结构研究，可将密码算法的流程进一步抽象为输入、密钥扩展、初始化、轮函数、基本运算、S 盒、P 盒、逆初始化、输出这 9 个组成部分来描述。

S 盒是密码学中常用的一种置换表，用于加密算法中的替代操作。它的作用是将输入的一组比特序列映射成输出的一组比特序列，从而实现数据的混淆和扩散，增强密码算法的安全性。

P 盒通过置换和转置重新排列 S 盒中数据的比特顺序，当明文和密钥做出改变时，其影响能很快扩散到整个密文中，以此增加数据混乱程度，使得密码更难以破解。

根据输入、密钥扩展、初始化、轮函数、基本运算、S 盒、P 盒、逆初始化、输出这 9 个组成部分可建立分组密码算法的流程模型，其中实线部分是必需的，虚线部分是可选的，分组密码算法流程模型结构如图 6-6 所示。

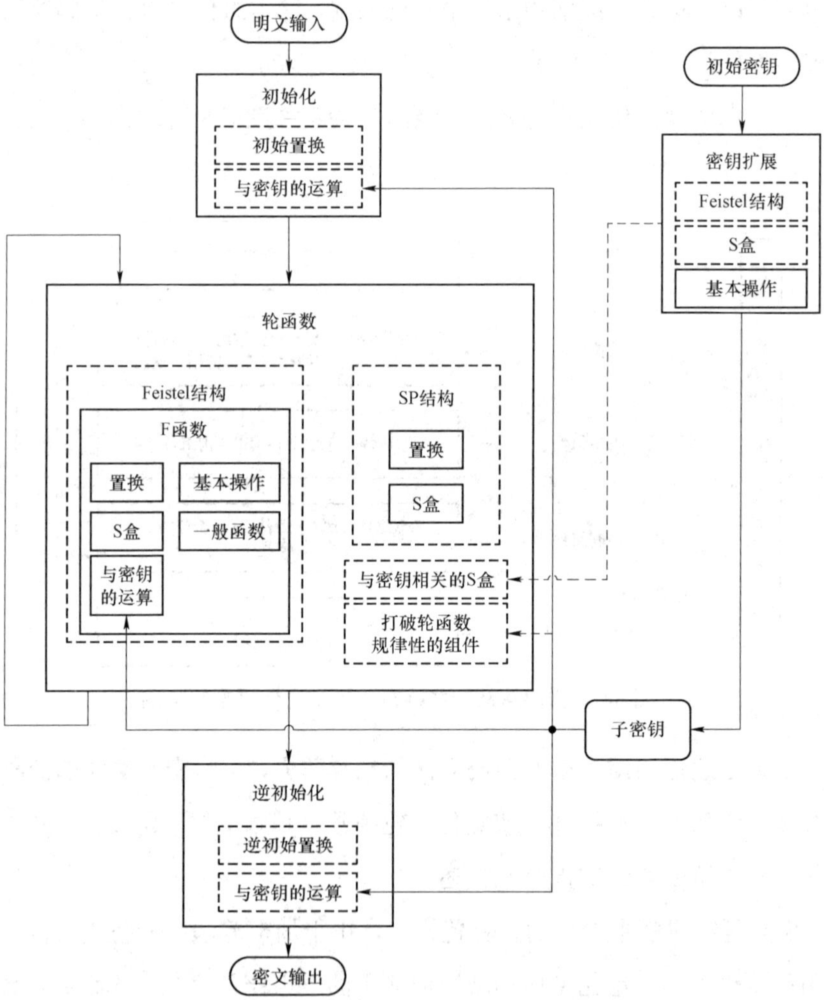

明文输入
初始化
初始置换
与密钥的运算
初始密钥
密钥扩展
Feistel结构
S盒
基本操作
轮函数
Feistel结构
F函数
置换
基本操作
S盒
一般函数
与密钥的运算
SP结构
置换
S盒
与密钥相关的S盒
打破轮函数规律性的组件
轮数
子密钥
逆初始化
逆初始置换
与密钥的运算
密文输出

图 6-6　分组密码流程模型结构图

6.3　深度学习相关原理

6.3.1　深度学习定义及应用

6.3.1.1　深度学习定义

深度学习是机器学习的一个分支，通过训练网络模型来自动学习和提取数据的特征，从而对未知数据进行准确的分类或回归预测。该技术和方法能够处理复杂的非线性关系，并在大量数据中识别出有用的模式和信息。

6.3.1.2　深度学习思想

深度学习的核心思想是通过建立多层次的神经网络模型来模拟人脑的学习过程。这种网络模型由大量的神经元相互连接而成，通过逐层传递和处理信息，可以学习到数据的复杂特征和内在规律，让机器能够具有类似于人类的学习和分析能力，从而实现对未知数据的预测和分类。

6.3.1.3　深度学习应用

（1）图像处理

物体检测和图像分类是图像识别的两个核心问题，前者主要定位图像中特定物体出现的区域并判定其类别，后者则对图像整体的语义内容进行类别判定。图像识别是深度学习最早尝试的应用领域，卷积神经网络 CNN 是图像识别领域最常用的模型之一，CNN 通过模拟人脑视觉系统的层次结构，采用卷积、池化等操作，逐步提取图像中的局部特征，并将其组合成全局特征，从而实现对图像内容的准确识别。

（2）语音识别

目前，基于深度学习的语音识别技术已经广泛应用于语音助手、智能客服、智能家居、汽车电子等领域，未来还将继续拓展应用领域。

基于深度学习的语音识别技术的优点在于，它可以自动提取语音特征，提高语音识别的准确率和鲁棒性。同时，深度学习技术还可以通过对语音数据的分析和挖掘发现更多的语音信息，为语音识别提供更多的可能性。自动语音识别（ASR）系统将口语翻译成书面文本。特别是递归神经网络和基于注意力的模型，大大提高了 ASR 的准确性。可以为有语言障碍的人提供更好的语音命令、转录服务和辅助工具。如谷歌、必应这些搜索引擎中的语音搜索功能就使用了深度学习技术。

（3）自然语言处理

自然语言处理（简称 NLP）是人工智能领域中的一个重要分支，旨在让计算机能够理解、分析和生成人类语言。近年来，深度学习技术的发展为 NLP 带来了革命性的变革，使得计算机在处理自然语言方面取得了惊人的进展。深度学习在自然语言处理中的应用包括机器翻译、文本分类、问答系统、文本生成、情感分析、智能对话系统等。

6.3.1.4 深度学习算法

深度学习算法通过多层非线性变换对高维数据进行特征学习，一般包含前向传播、反向传播、激活函数等组成部分，目前常用的有 CNN、RNN、自动编码器 AE、受限深度玻尔兹曼机 RBM、深度信念网络 DBN。

6.3.2 神经网络基础

6.3.2.1 神经网络组成

神经元是神经网络的基本单位，模拟生物神经系统中的神经元。每个神经元接收输入，对输入进行加权求和，并通过激活函数转换得到输出。

神经元也是最小的神经网络，人工神经元接收来自其他神经元或外部源的输入，每个输入都有一个相关的权值 w，它是根据该输入对当前神经元的重要性来确定的，对该输入加权并与其他输入求和后，经过一个激活函数 f，计算得到该神经元的输出。图 6-7 表示一个简单的神经元模型。

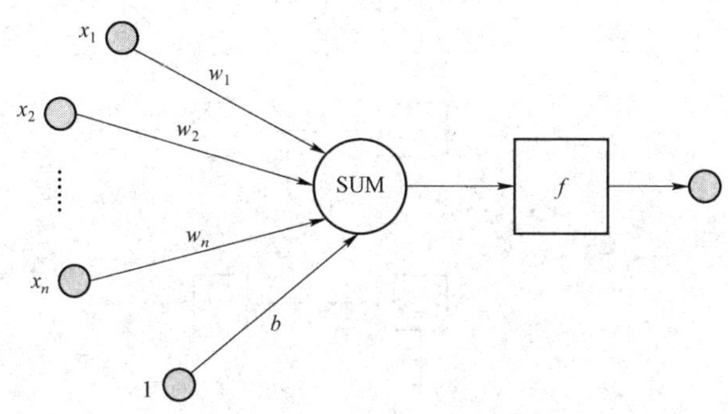

图 6-7　神经元模型

x_1，x_2，…，x_n 为神经元的输入分量，w_1，w_2，…，w_n 为各个输入分量对应的权重参数，b 为偏置，f 为激活函数，t 为神经元的输出，使用公式（6.1）表示为：

$$t = f(W^{\mathrm{T}}A + b) \tag{6.1}$$

当较多的神经元按照特定方式进行组合、连接，就产生了神经网络。

6.3.2.2　单层神经网络

单层神经网络是深度学习中最简单的神经网络模型之一，也被称为感知机（Perceptron）。它主要由输入层、输出层和一个全连接的线性传输层组成，没有隐藏层。

图 6-8 表示由 S 个神经元组成的单层神经网络，其中 w_S，R 代表输入的第 R 个分量在第 S 个神经元上的权重，最终的输出结果 $a = f(w_p + b)$。

6.3.2.3　感知机

感知机是一种二分类的线性分类模型，它的输入为具体实例的特征向量，输出为实例的判别类别，输出可视为两类结果，分别是+1 和−1。由于感知机模型的计算过程主要是线性运算和符号函数判断，计算效率较高，适用于大规模数据的快速分类。但感知机模型无法直接处理多分类问题，并且其泛化能力相对较弱。

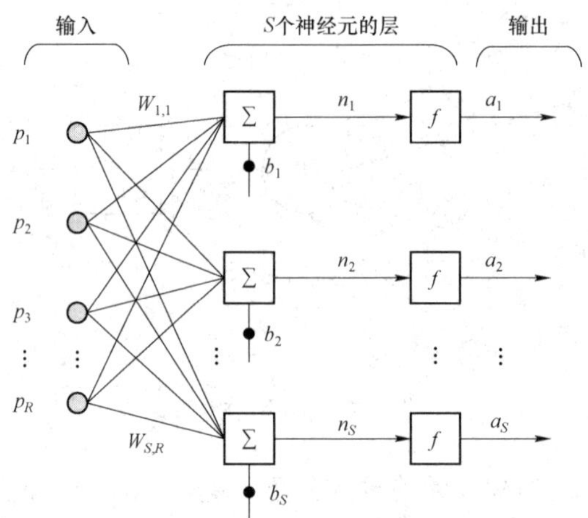

图 6-8　S 个神经元组成的单层神经网络

6.3.2.4　多层感知机

多层感知机是深度学习和神经网络的基础，具有较强的表达能力和泛化能力，可以处理非线性问题和高维数据。相比于单独的感知机，多层感知机的第 i 层的每个神经元和第 $i-1$ 层的每个神经元都有连接。输出层可以不只有 1 个神经元。隐藏层可以只有 1 层，也可以有多层，多层感知机结构如图 6-9 所示。

6.3.2.5　前向传播、反向传播

前向传播是神经网络从输入层到输出层的信息传递过程。输入层接收来自外部环境的输入数据，并将这些数据传递给隐藏层；在隐藏层中，神经元会对输入数据进行加权求和，并应用激活函数以产生输出；这个过程会逐层进行，直到达到输出层，输出层产生神经网络的最终预测结果。

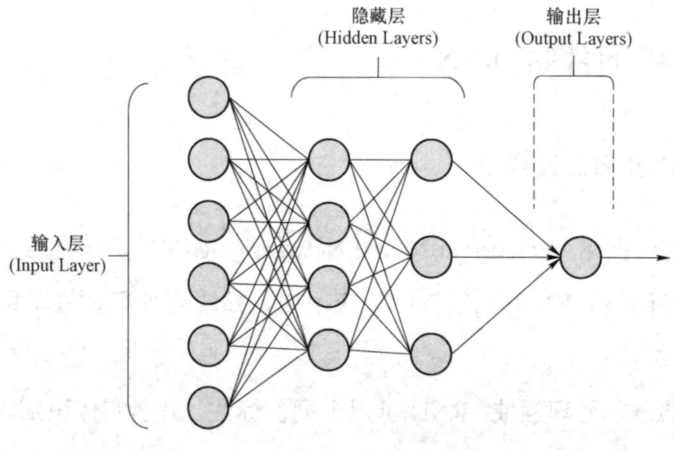

图 6-9　多层感知机

反向传播是神经网络根据输出层的预测误差来调整网络参数的过程。从输出层开始，通常使用损失函数衡量预测误差，并将误差反向传播到前面的层。在反向传播过程中，每一层的神经元都会根据误差来调整其权重和偏置，以减小预测误差。

6.3.2.6　激活函数

激活函数的主要目的是在计算过程中引入非线性因素，使神经网络能够学习和解决复杂的问题。表 6-1 列举了常用的激活函数。

从表 6-1 可以看到，激活函数需要选择非线性函数，以便于使用非线性来逼近任意函数，使网络更加强大，能够从输入输出之间生成非线性映射。

表 6-1　常用激活函数

激活函数	函数	导数
Logistic	$f(x)=\frac{1}{1+\mathrm{e}^{-x}}$	$f'(x)=f(x)(1-f(x))$
Tanh	$f(x)=\frac{2}{1+\mathrm{e}^{-2x}}-1$	$f'(x)=1-f(x)^2$
ReLU	$f(x)=\max(0,x)$	$f'(x)=I(x>0)$
SoftPuls	$f(x)=\ln(1+\mathrm{e}^{x})$	$f'(x)=\frac{1}{1+\mathrm{e}^{-x}}$

6.3.3 循环神经网络 RNN

6.3.3.1 RNN 概念及应用

循环神经网络（Recurrent Neural Network，RNN）是一类用于处理序列数据的神经网络。RNN 已经被广泛应用在自然语言处理、机器翻译、语音识别等领域。

在自然语言处理领域，RNN 可用于词性标注、命名实体识别、句子解析等任务。通过捕捉文本中的上下文关系，RNN 能够理解并处理语言的复杂结构。RNN 能够理解和生成不同语言的句子结构，实现机器翻译。利用 RNN 能进行文本生成，如生成诗歌、故事等，实现机器创造性写作。RNN 还能用于文本和语音的相互转化，即语音生成和语音识别。

6.3.3.2 RNN 结构

RNN 的基本结构包括输入层、隐藏层和输出层，如图 6-10 所示，其中隐藏层的神经元之间不仅存在层与层之间的连接，还存在时间步之间的连接，即每个隐藏层的神经元在下一时间步都会将自身的信息传递给自身。这种结构使得 RNN 能够处理任意长度的序列数据，并在处理过程中保留序列中的信息。

在图 6-10 中，向量 x、s、o 分别表示输入层、隐藏层、输出层的值，矩阵 U、V 表示层到层之间的权重，从中可以看到 s 不仅仅取决于当前的输入 x，还取决于上一次隐藏层的值 s。权重矩阵 W 就是隐藏层上一次的值，同时作为这一次的输入的权重。

将图 6-10 按照时间线展开，循环神经网络的内部原理就可以用图 6-11 表示。

在图 6-11 中可以看到，在 t 时刻循环神经网络接收到输入 X_t 后，得到隐藏层的值 s_t，输出值是 o_t，s_t 的值依赖于 X_t 和 s_{t-1}，可用公式（6.2）、公式

（6.3）表示循环神经网络的计算方法。

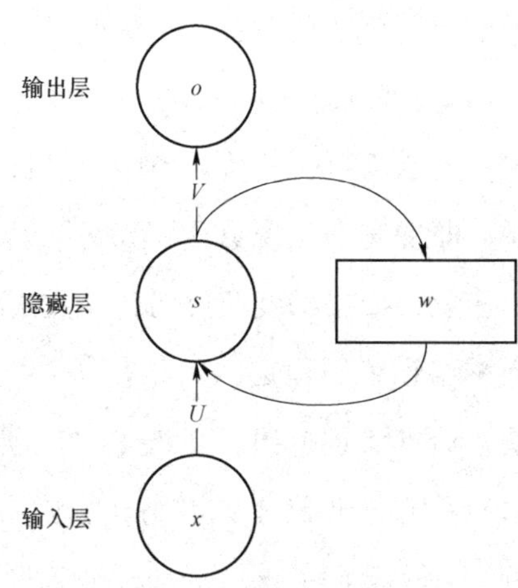

图 6-10　简单循环神经网络结构

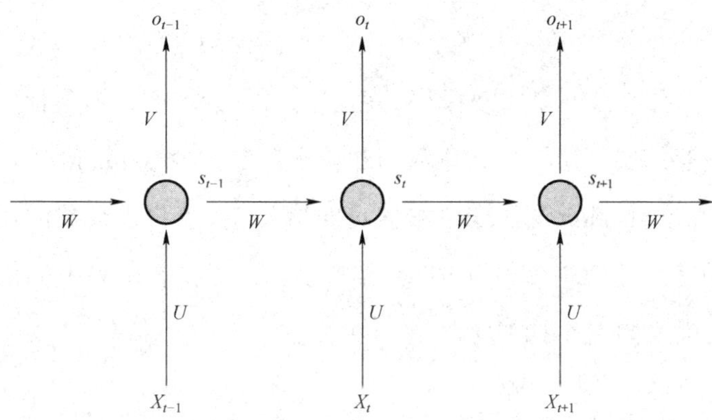

图 6-11　按时间线展开的循环神经网络结构

$$O_t = g(V \cdot S_t) \tag{6.2}$$

$$S_t = f(U \cdot X_t + W \cdot S_{t-1}) \tag{6.3}$$

6.3.4　长短期记忆网络 LSTM

在循环神经网络（RNN）中，实现长期记忆的一个直观想法是将当前的隐含状态 s_t 的计算与前 n 个时间步的隐含状态 s_{t-1}、s_{t-2}、…、s_{t-n} 直接结合，计算过程可用公式（6.4）表示。然而，这种直接结合的方式会导致计算量随 n 的增加而呈指数式增长，因为需要为每个先前的时间步设定一个权重矩阵

W_1、W_2、…、W_n，这不仅会使模型变得非常庞大，难以训练，而且也会大大增加计算成本，导致训练时间大幅增加。

$$s_t = f(U \cdot x_t + W_1 \cdot s_{t-1} + W_2 \cdot s_{t-2} + \cdots + W_n \cdot s_{t-n}) \tag{6.4}$$

由于 RNN 的结构和激活函数的性质，当序列很长时，梯度在反向传播过程中可能会逐渐减小，即梯度消失现象，导致网络无法有效地学习到远距离时间步之间的依赖。相反，如果梯度在反向传播过程中逐渐增大，即梯度爆炸现象，则可能导致网络训练不稳定。

为了解决这个问题，研究者们提出了多种 RNN 的变体，其中最著名的是长短期记忆网络 LSTM 和门控循环单元网络。通过引入门控机制和内部状态来改进信息的流动和存储，从而能够更好地捕获长期依赖关系。LSTM 使用遗忘门、输入门和输出门来控制信息的流动，并通过细胞状态来存储长期信息。

LSTM 的核心是一个重复模块，由遗忘门、输入门、细胞状态、输出门组成四个交互的层；遗忘门、输入门和输出门都包含 Sigmoid 层，用于控制信息的流动；一个 tanh 层用于生成候选向量，该向量可能会被添加到细胞状态中。这种特殊的结构使得 LSTM 能够学习并记住长序列中的依赖关系。LSTM 结构模式如图 6-12 所示。

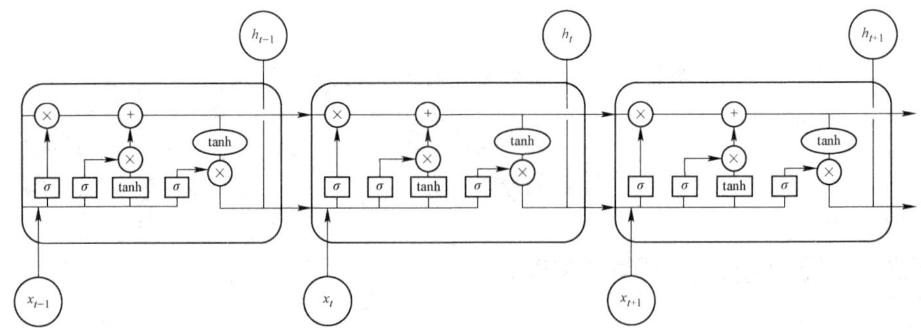

图 6-12　LSTM 结构模式图

在图 6-12 中，σ 表示激活函数 Sigmoid，可用公式（6.5）表示。

$$\sigma(x) = \frac{1}{1 + \mathrm{e}^{-x}} \tag{6.5}$$

σ激活函数通过产生介于 0 和 1 之间的值来控制信息的流动，使得 LSTM 能够选择性地保留或遗忘历史信息，并决定哪些信息应该被输出到下一层。

tanh 是双曲正切函数，可用公式（6.6）表示。

$$\tanh(x)=\frac{e^{x}-e^{-x}}{e^{x}+e^{-x}} \tag{6.6}$$

tanh 的输出范围在 –1 到 1 之间，它接收上一时刻的输入 h_{t-1} 和当前时刻的 x_t，生成一个候选向量，可加入单元状态中。

LSTM 的细胞状态是其核心组成部分，可用图 6-12 中上方水平线表示，它负责在序列处理过程中传递和存储相关信息，细胞状态的更新是通过一系列的门控机制来实现，在下面章节中将会具体介绍这种门结构。

6.4　数据采集与处理

着人工智能技术的快速发展，深度学习已经成为许多领域的重要工具。然而，深度学习的效果很大程度上取决于训练数据的质量和规模。因此，深度学习数据集的采集成为关键环节。本章将详细介绍深度学习数据集采集方案，包括数据类型与规模、采集渠道、数据处理和评估指标等方面。

6.4.1　数据来源

本研究可看成一项文本生成任务，根据密码算法的说明文档生成各项规范化的表示。研究的对象是密码算法的描述内容，数据的来源可以是相关网站或者文献，其中包含密码算法的标准或者部分流程。目前开源数据集有很多，但涉及密码算法处理的数据集几乎没有，因此需要自己进行数据的收集和数据集的制作。

在制作数据集之前，主要从百度文库、CSDN 网站以及知网的文献中获取了大部分的密码算法标准或者部分计算过程。

本研究所涉及数据集最终被处理并存放到 Excel 表格中，其中部分内容如图 6-13 所示。

	A	B	C	D	E	F	G	H	I	J	K
1	算法名称	算法说明	输入	密钥扩展	初始化	轮函数	基本运算	s盒	p盒	逆初始化	输出
2	Camellia-128算法	Camellia-128算法的分组P长度固定为128位，该算法支持128bit的密钥K，根据初始秘钥生成18个子密钥，Camellia-128算法采用Feistel网络结构，对于每个分组，Camellia-128算法执行18轮的加密操作，每轮加密都涉及左右两部分数据的交换和变换。S盒是一个由256个8位字节组成的表格，用于执行非线性变换；而P盒也是一个由256个8位字节组成的表格，用于执行线性变换，对于Camellia-128，算法执行18轮的加密操作。每轮操作包括一系列的位操作和非线性变换得到128bit的密文C。	128位明文分组P，128位秘钥K	生成18个子密钥	对128位明文分组P应用初始变换	18轮Feistel结构	未直接提及	非线性变换	线性变换	将最终的L和R部分合并，应用逆初始变换	得到的128位数据块即为密文C
3	LBlock-s算法	LBlock算法为基于Feistel结构设计的轻量级分组密码算法。算法分组大小为64位，密钥长度为80位。LBlock算法共迭代32轮，每轮轮函数F由轮密钥加、S盒代换、P盒置换3部分组成。（1）轮密钥加层将32位的轮密钥与32位的中间状态逐比特异或。中间状态为B0…B31，轮密钥为RK0…RK31，则输出为Bi=Bi+RKi（0≤i≤31）。（2）S盒代换层把（1）中输出的32位中间状态划分为8个4-bit的y7……y0，然后y7…y0依次进入8个（s7……s0）不相同的4X4S盒，输出为s7[y7]……s0[y0]。（3）P盒置换层把（2）中输出的32位中间状态划分为8个4-bit的y7……y0，然后进行换位置换，输出为z7……z0，将密文C输出到寄存器R。	64位明文分组P，80位密钥K	使用初始的80位密钥K来生成轮密钥	初始化一个64位的寄存器R	32轮Feistel结构	将当前轮的轮密钥与寄存器R的值进行逐比特异或	代换	置换	未直接提及	得到的寄存器R即为密文C
4	DES算法	DES算法接受一个64位的明文数据块P作为输入，使用一个56位的密钥，通过密钥扩展算法，来生成16个48位的子密钥，输入的64位明文数据块会经过一个初始置换（IP置换），该置换按照特定的规则重新排列这64位数据，16个轮次的加密迭代，都包括四个主要步骤，将64位的数据块分为左右两个32位的块。右侧32位块作为输入，经过扩展操作（E盒子）扩展为48位的数据块。将扩展后的48位数据块与当前轮次的48位子密钥进行异或运算。将异或运算的结果通过一系列替换盒（S盒）和置换操作（P置换），得到新的右侧32位块。最后，将新的右侧32位块与原来的左侧32位块进行交换，得到的64位数据块会经过一个逆置换操作，将加密后的数据块恢复到最初的顺序，得到最终的密文数据C。	64位明文分组P 56位密钥K	生成16个48位子密钥K1, K2, ..., K16	对64位明文分组P应用初始置换IP	16轮Feistel结构	将扩展后的R与轮密钥进行异或运算	对异或运算后的48位数据进行替换	对32位数据进行置换	对64位数据块应用逆初始置换IP^-1	得到的64位数据块即为密文C
5	Feistel-NFSR	4轮的平衡二分支结构，总体上仍然是Feistel结构。针对Feistel结构，当Feistel结构达到3轮时所构造的S盒是安全的，尽管轮数的增加能够为整体结构提供足够的安全性，但也会提高计算的复杂度，为降低Feistel-NFSR结构的复杂度，设定轮数为4。并任意选取4个8比特S盒作为Feistel-NFSR结构中的轮函数。在实际应用中，通过替换这些8比特S盒就可以方便地构造出新的16比特S盒，以L和R表示左右两分支的8比特输入，L，R ∈ F28；L和R表示该结构左右两个分支的8比特输出，NFSR1和NFSR2为两个8级非线性反馈移位寄存器；⊕表示异或运算；S0、S1、S2、S3分别表示每一轮中采用的8比特S盒，以R1和R2表示NFSR1和NFSR2运算的结果	8位明文分组L、R	未直接提及	将输入L和R加载到Feistel结构的左右两个分支中	4轮Feistel结构	S盒输出与NFSR1状态异或	代换	让明文和密钥的影响迅速扩散到整个密文中	未直接提及	得到两个分支L、R即为输出

图 6-13　部分数据集截图

6.4.2　数据类型与规模

深度学习数据集的主要类型包括文本数据、图像数据、视频数据等。文章数据主要用于自然语言处理任务，如情感分析、机器翻译等；图像数据主要用于计算机视觉任务，如目标检测、图像分类等；视频数据则涉及视频行为分析、智能监控等领域。而本文使用到的则是文本数据。

对于数据集的规模，一般而言，数据量越大，模型的表现越好。然而，过大的数据集也会增加数据处理和模型训练的难度。因此，在确定数据集规模时，需要根据实际情况进行权衡。

6.4.3　采集方式

深度学习数据集的采集方式主要包括网络爬虫、数据平台和人工采集三种。在选择采集渠道时，需要结合数据集类型、数据质量、采集成本等多方面因素进行考虑。同时，要确保数据采集的合法性和道德性。

本章所使用的数据主要由人工采集，将文献或者网站中的密码算法关键步骤进行提取，并重新组合成一段完整的描述过程，最后将所有采集到的密

码算法原始数据存储到 Excel 表格中，为后续的数据处理做准备。

6.4.4　数据处理

深度学习数据集的处理包括数据预处理、数据加工和数据存储等环节。数据预处理主要是对数据进行清洗和扩充，去除无用和异常数据，增加数据多样性和完备性。数据加工则是对数据进行标签化和特征提取，将原始数据转化为适合模型训练的格式。最后，数据存储是将处理后的数据妥善保存，以便后续模型训练和推理。

在本研究中对数据的处理主要是对密码算法的说明内容进行人工处理和分析，并将分析的结果补充到密码算法所对应的“输入”“密钥扩展”“初始化”“轮函数”“逆初始化”“输出”等列的相应位置，这一过程将耗费大量时间。

6.5　模型部署与训练

6.5.1　模型选择与优缺点分析

6.5.1.1　编码器解码器模型

在自然语言处理任务中通常会遇到不定长的语言序列，例如在机器翻译任务中，输入可能是一段长度不定的英文文本，输出也可能是长度不定的中文或者法语序列。当遇到输入和输出都是不定长的序列时，可以使用编码器-解码器（encoder-decoder）模型也称为 Seq2Seq 模型。

Seq2Seq 模型解决问题的主要思路是通过深度神经网络模型，在本章中选用的是长短记忆网络 LSTM，其中编码器将输入序列进行编码，并将编码结果作为解码器的初始状态，解码器利用编码结果，逐步生成输出序列。

6.5.1.2 选择原因

传统机器翻译模型如基于短语的机器翻译（PBMT）依赖于手工设计规则和词典来匹配源语言和目标语言。相比之下，编码器-解码器模型通过端到端的学习自动捕获语言模式，不仅减少了人工干预，还能更好地处理语言的多样性和复杂性，尤其是在长句翻译和语境理解上更为精准。

虽然编码器-解码器架构基于循环神经网络发展而来，但其关键区别在于任务的定向性。标准循环神经网络主要用于单向序列预测，而编码器-解码器模型通过分离的编码和解码阶段，实现了从一种序列结构到另一种序列结构的转换，这使得它在如机器翻译等双向序列学习任务中表现更佳。

与基于 RNN 的编码器-解码器相比，Transformer 在并行计算上有显著优势，训练速度快得多，尤其适合大规模数据集。然而 Transformer 模型在处理长距离依赖时可能不如具有循环结构的编码器-解码器模型稳定。

6.5.1.3 优缺点分析

编码器-解码器模型适用于多种序列到序列的任务，如机器翻译、文本摘要等，展现了极高的灵活性。尤其是引入注意力机制后，模型能更有效地处理输入序列中的长距离依赖问题。整个模型作为一个端到端系统进行训练，无需人工设计特征，降低了手动特征工程的需求。

由于模型的复杂性和深度原因，训练编码器-解码器模型往往需要大量的计算资源和时间。在数据量有限时，复杂的模型结构容易导致过耦合。

6.5.2 模型结构

6.5.2.1 编码器

编码器将长度可变的输入序列编码为一个固定长度的上下文向量（Context Vector），这里用 c 表示，输入序列 x_1，x_2，…，x_T 被逐步输入到编

码器网络中，其中 x_t 表示输入序列中的第 t 个元素，在每个时间步长，编码器接收一个输入元素 x_t 以及上一个时间步长的隐藏状态 h_{t-1} 作为输入，第 t 个时间步的输出如公式（6.7）所示，其中的函数 f 表示编码器所涉及神经网络所做出的处理。

$$h_t = f(x_t, h_{t-1}) \tag{6.7}$$

编码器的最后一个隐藏状态 c 如公式（6.8）表示。

$$c = h_T \tag{6.8}$$

6.5.2.2　解码器

在开始生成目标序列之前，解码器通常使用编码器的最后一个隐藏状 c 作为初始输入。解码器输出 y_t 的概率取决于先前的输出子序列 $y_1, y_2, \cdots$，y_{t-1} 和 c，可用公式（6.9）表示。

$$P(y_t | y_1, \cdots, y_{t-1}, c) \tag{6.9}$$

在使用另一个循环神经网络作为 Seq2Seq 模型的解码器时，解码器在每个时间步 t 会利用上一时间步中经过嵌入层转换的向量 y_{t-1}、来自编码器的中间语义向量 c 以及上一时间步的隐藏状态 s_{t-1} 来生成当前时间步的隐藏状态 s_t。s_t 可用公式（6.10）表示，其中的函数 g 表示解码器所涉及神经网络隐藏层的处理。

$$s_t = g(y_{t-1}, c, s_{t-1}) \tag{6.10}$$

当解码器在 Seq2Seq 模型中的某个时间步 t 生成了一个隐藏状态 s_t 之后，接下来的步骤是利用这个隐藏状态来预测并生成该时间步的输出 y_t。这通常是通过一个输出层和一个 softmax 操作来完成的，以计算出在时间步 t 时输出 y_t 的条件概率分布，如公式（6.11）所示。

$$P(y_t | y_1, \cdots, y_{t-1}, c) \tag{6.11}$$

6.5.2.3　长短记忆网络 LSTM

LSTM 是一种特殊的递归神经网络，有“门”结构，其包含三种门控机制来控制信息的流动，图 6-14 描述了这种“门”结构。

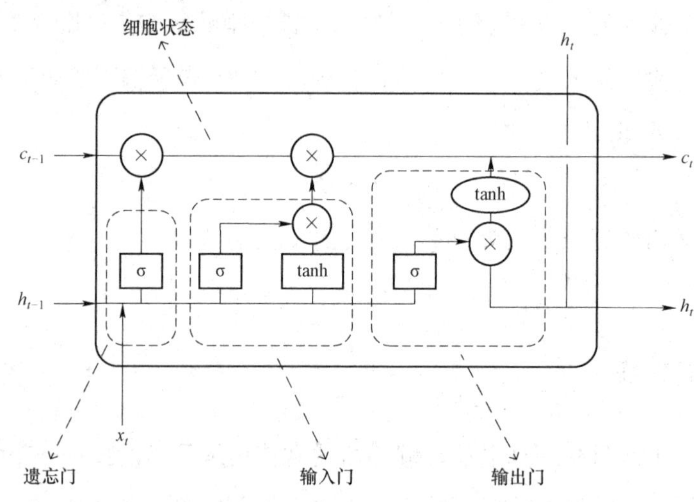

图 6-14　LSTM“门”结构演示图

细胞状态是 LSTM 中用于存储长期信息的关键部分，它沿着整个序列链式传递，只有一些小的线性交互。信息在上面流动时只有很小的改变，这使得信息可以很容易地流过而不被改变。σ 函数将任意值映射到 0 和 1 之间，控制信息选择或者舍弃，tanh 函数将任意值映射到 −1 和 1 之间，用于生成候选向量。

遗忘门决定了哪些信息会从细胞状态丢弃和保留。它接收上一时间步的隐藏状态 h_{t-1} 和当前时间步的输入 x_t，然后通过 σ 函数输出一个介于 0 和 1 之间的值。这个值会被逐元素地乘以细胞状态，从而决定哪些信息需要丢弃和保留。

输入门决定了哪些新信息会被存储在细胞状态中。它同样接收上一时间步的隐藏状态 h_{t-1} 和当前时间步的输入 x_t。输入门由两部分组成：一部分通过 σ 函数决定哪些信息需要更新，另一部分通过 tanh 函数生成一个候选向量（candidate vector），这个向量可能会被添加到细胞状态中。

输出门决定了哪些信息会从细胞状态中被输出到当前时间步的隐藏状态。它接收上一时间步的隐藏状态 h_{t-1} 和当前时间步 x_t 的输入，并通过 σ 函

数输出一个介于 0 和 1 之间的值。这个值会被逐元素地乘以 tanh 函数处理过的细胞状态，得到的结果就是当前时间步的隐藏状态 h_t。

6.5.2.4　评价指标

BLEU 比较预测序列与真实标签序列来评估预测序列，是一种常用的机器翻译评估指标，也常用于其他涉及序列生成任务的评估，如文本摘要、对话生成等。

在 BLEU 评估中，有两个关键的长度参数，即标签序列的词元数长度 $\text{len}_{\text{lable}}$ 和预测序列词元数长度 len_{pred}。BLEU 的计算涉及两个主要部分：首先衡量预测序列中的连续的词元组合 *n*-gram 在参考序列中出现的比例，得出 *n*-gram 精度，用 *P* 表示；如果预测序列的长度 len_{pred} 小于参考序列的最短长度，BLEU 会给出一个惩罚因子，这个惩罚因子会乘以 *n*-gram 精度的结果 *P*，以得到最终的 BLEU 分数。公式（6.12）为 BLEU 的定义。

$$\exp\left[\min\left(0,1-\frac{\text{len}_{\text{lable}}}{\text{len}_{\text{pred}}}\right)\right]\prod_{n=1}^{k}p_n^{\frac{1}{2^n}} \tag{6.12}$$

BLEU 的值越大，预测的结果就越好，最大值为 1，当预测序列与标签序列完全相同的时候，BLUE 的值为 1。

6.5.3　模型的代码实现

6.5.3.1　编码器类

首先定义名称为 Encoder 的 PyTorch 神经网络模块，用于处理输入序列数据，通过嵌入层（Embedding）和循环神经网络层（LSTM）将输入序列编码为隐藏状态 hidden 和细胞状态 cell。

其中的各项参数 input_dim 表示输入的词汇表大小，emb_dim 表示词嵌入的维度，hidden_dim 表示 LSTM 隐藏层的维度，n_layers 表示 LSTM 网络的层数。

初始化步骤使用 nn.Embedding 初始化词嵌入层，它将输入的整数索引转换为固定大小的嵌入向量；使用 nn.LSTM 来初始化 LSTM 层，接受嵌入向量作为输入并产生隐藏状态和细胞状态；使用 nn.Dropout 来初始化 dropout 层，通过在训练过程中随机将神经网络中的某些节点的输出设置为 0，以减少过拟合。最后定义了前向传播函数 forward 来返回 LSTM 最后一个时间步的隐藏状态和细胞状态。

6.5.3.2 解码器类

首先定义解码器类，实现将编码的隐藏状态解码为目标序列。首先初始化了输出维度 output_dim，词嵌入的向量大小 emb_dim 等参数信息，然后定义了解码器的前向传播过程，最后通过给定输入单词或其索引、LSTM 的隐藏状态和细胞状态，生成下一个单词的预测。更新后的 LSTM 隐藏状态和细胞状态将被用于下一个解码步骤。

6.5.3.3 Seq2Seq 模型

Seq2Seq 模型通过定义 Seq2Seq 类来实现，在初始化 Seq2Seq 模型时，传入了预定义的编码器和解码器实例，以及设备。self.encoder 和 self.decoder 分别保存了编码器和解码器的引用，self.device 指定了模型的运行设备。

类中定义了前向传播方法，该方法接收三个参数 src、trg 和 teacher_forcing_ratio，src 是源序列，trg 是目标序列，teacher_forcing_ratio 是教师强制比例，用于训练时的数据生成策略。random.random()生成一个 0 到 1 之间的随机数，如果小于 teacher_forcing_ratio，则使用真实的目标单词 trg［t］作为下一个输入；否则，使用解码器预测的最可能的单词作为下一个输入。

Seq2Seq 模型结合了编码器 encoder 和解码器 decoder 来实现序列到序列的映射，在本研究中即为“算法说明”序列到“输入”“密钥扩展”“初始化”“轮函数”等序列的映射。

6.5.4　模型训练

首先将模型设置为训练模式，将 epoch 的损失初始化为 0。接着使用 for 循环进行数据迭代，使用 enumerate（iterator）遍历训练数据迭代器，iterator 是一个数据加载器，它会提供批次数据（src，trg），对于每个批次数据，将它们从迭代器中取出，并转置其维度，使用 to（device）将数据移动到指定的设备上。接着将数据输入到模型中进行前向传播，并进行反向传播和优化，最后返回整个 epoch 的平均损失。

6.6　系统设计与实现

6.6.1　需求分析

6.6.1.1　功能分析

密码算法智能规范化表示系统的核心功能是利用深度学习技术构建和训练 Seq2Seq 模型，实现将用户输入的密码算法数据转化为预定的格式进行输出，整个系统包含前后端页面。用户的输入可以是 txt 文本，也可以在文本框中手动输入密码算法的描述，文本的内容可包含中文、英文，运算符号和空格不影响系统输出的结果。

前端输入的密码算法以 json 格式发送到后端进行处理，后端接收到请求后，经过处理，以输入、密钥扩展、初始化、轮函数、基本运算、S 盒、P 盒、逆初始化、输出这 9 个方面对密码算法进行统一规范化表示输出，并同样以 json 格式向前端响应输出的结果，最终将规范化表示后的结果显示到页面右侧的几个文本框当中。

用户在操作该程序时，产生的数据需要存储到 MySQL 数据库中，数据库名称为 db_cipher，项目建设初期，页面布局按照图 6-15 进行设计。

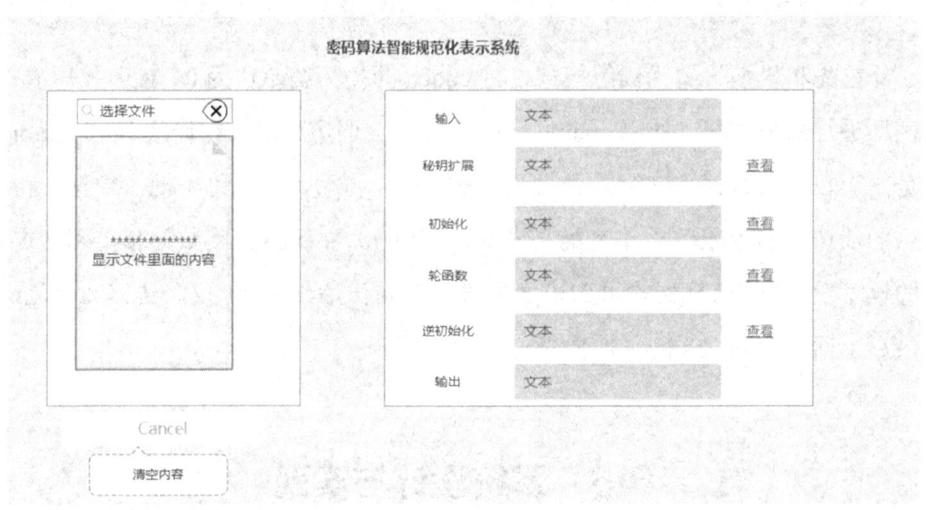

图 6-15 系统页面布局

6.6.1.2 性能分析

性能是一种指标，是与软件功能相对应的一种非常重要的非功能特性，表征了软件系统对时间、及时性、资源经济性的要求。在软件系统中，常用的性能指标包括响应时间，并发用户数，吞吐量等用于评估系统的运行状况和能力。

该系统主要针对特定的研究人员使用，每次输入的算法，系统应能及时向用户呈现出相关的规范化表示。总的来说，从用户输入密码算法的描述内容开始到系统把本次操作的结果以用户能够觉察到的方式展示出来，这整个过程所消耗的时间不应超过 30 秒。

从系统开发人员的角度，除了要考虑到系统的响应时间外，还应关注系统的状态。在业务的响应时要注意系统状态是否正常，有异常情况要及时处理；系统运行时实时监测服务器和系统资源的使用是否合理，要确保系统资源能合理分配；由于该系统涉及密码分析，所以还应当考虑到系统的安全性，数据传输产生的信息不能被窃取；设计系统时还应当关注用户的访问数量，

在项目的测试阶段要能做到至少有 10 个用户能进行访问。

6.6.1.3　技术需求与设计约束

该密码算法智能规范化表示系统需要运用深度学习的技术，这里使用 Pytorch 框架来构建模型，其中主要运用到循环神经网络的变体 LSTM。后端使用 Python 语言进行开发，Web 应用框架选择 flask；同时使用前端开发技术完成系统页面的展示和交互，使用 JavaScript 语言，选择 Vue 框架来搭建前端页面；使用 MySQL 数据库进行密码算法信息的存储和管理；目前该系统支持在 Windows 系统下运行和使用。

6.6.2　系统开发环境

6.6.2.1　硬件环境

操作系统：Windows 11 家庭中文版 64 位

处理器：AMD Ryzen 7 4800U with Radeon Graphics

6.6.2.2　软件环境

系统开发涉及的主要开发工具和软件环境在表 6-2 中列出。

表 6-2　开发工具及软件环境

开发工具/环境	版本	简介
Visual Studio Code	VisualStudioCode2024	代码工具
node.js	v20.13.1	JavaScript 运行环境
npm	10.5.2	依赖管理
Vue CLI	@vue/cli 5.0.8（对应 Vue3）	项目构建
PyCharm	PyCharm 2023.3.5	代码工具
Python	Python 3.12.0	python 运行环境
Flask	3.0.3	后端框架
CUDA	cuda_12.4.1	并行计算平台
CUDNN	cudnn 8.9.6	基于 GPU 的加速库

以下是对系统所需要使用的主要开发工具及环境的简要说明。

Visual Studio Code 是一款轻量级且可扩展的代码编辑器，适用于构建 Web、桌面和移动应用。在系统的前端页面开发过程中会使用 javascript 脚本编程语言，而 node.js 是 javascript 运行环境。npm 可用于管理 node.js 下的包，包括安装、卸载、管理依赖等，能解决 node.js 代码部署上的很多问题。在构建 vue 项目时可以利用官方提供的 Vue CLI 进行快速开发。

Pycharm 是进行 Python 语言开发的集成开发环境。flask 是一种基于 Python 的轻量级 Web 框架，通过众多的插件使得 Flask 应用可以轻松地集成各种复杂功能，Flask 扩展涵盖了 Web 开发过程中的许多关键领域，比如数据库集成、表单验证、文件上传处理以及安全认证等。

训练模型时通过 CUDA 去使用 GPU 的能力实现并行计算，密码算法智能规范化表示系统中的深度学习模型训练涉及大量的矩阵运算，而 CUDA 可以显著加速这一过程。

PyTorch 是一个开源深度学习框架，近几年 PyTorch 因其易用性、灵活性和强大的功能而流行起来。PyTorch 用 Python 语言编写，是 Python 的一种扩展，其 API 设计直观，易于使用 Pycharm 调试，并且可以非常高效地利用 NVIDIA 的 CUDA 库来进行 GPU 计算。

6.6.3 详细设计

密码算法智能规范化表示系统流程图如图 6-16 所示。

6.6.3.1 前端设计

通过 web 页面来实现系统功能的使用，主页面加入了 element ui 的 el-upload 作为用户输入的主元素组件，实现上传附件的功能。通过点击“选择文件”按钮来选择用户所需要的密码算法说明文档，目前只支持选择 txt 类型的文档，打开文档后将里面的具体内容展示到下面的文本框中。

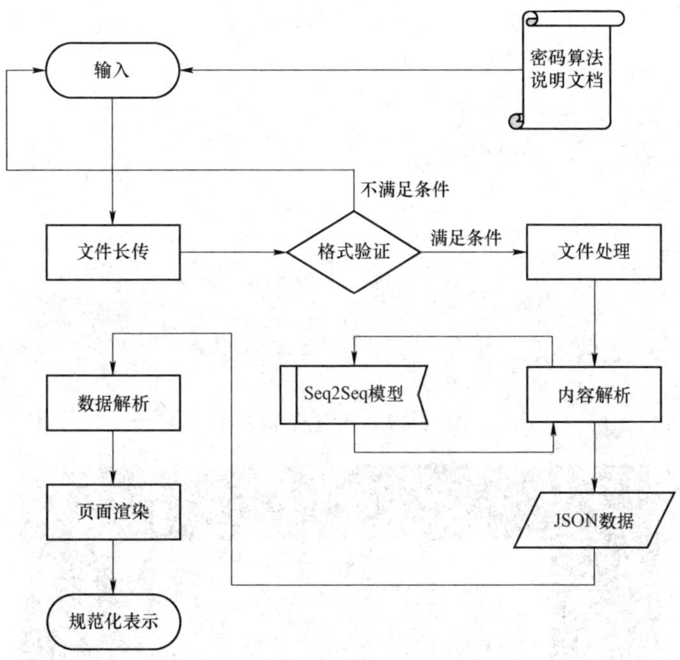

图 6-16　系统流程图

el-upload 的 action 参数是上传的地址，on-success 绑定了文件上传成功的函数 handleSuccess，该函数中使用 processFile 函数将文本信息以 post 请求发送到后端服务器，并接收后端的响应数据给前端页面。

当后端处埋完数据后，将解析到的数据返回给前端，前端页面会显示密码算法的各项描述信息，包括“输入”“密钥扩展”“初始化”“轮函数”“基本运算”“S 盒”“P 盒”“逆初始化”“输出等信息”。图 6-17 是已经设计好的前端页面。

一般分组密码算法的轮函数部分较为复杂，所以在前端又单独做了添加了一个对话框表单，用于显示轮函数里的 “基本运算”“S 盒”“P 盒”等基本信息。当点击轮函数内容下的“查看”时，系统会弹出一个页面，展示轮函数的详细信息，如图 6-18 所示。

图 6-17　系统前端页面

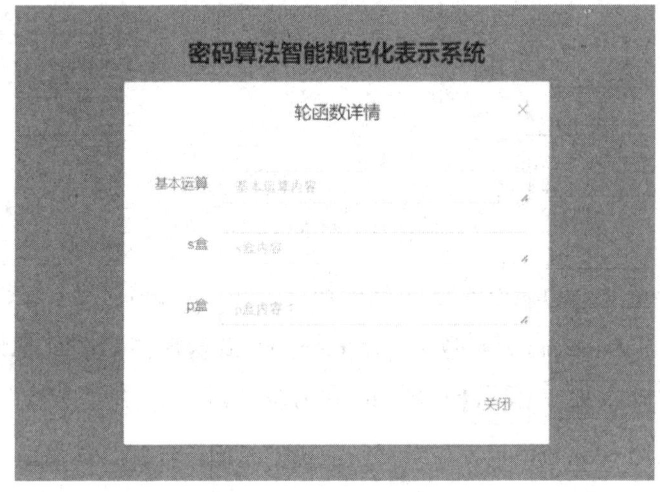

图 6-18　轮函数详情图

6.6.3.2　后端设计

后端服务器的处理逻辑写在了 app.py 文件中，app.py 文件引入了 flask 中的 jsonify 和 request，jsonify 是 flask 中的扩展包，可以将数据转换成 json 格式；当客户端浏览器访问后端服务器时，http 协议会向服务器传递一个 request 对象，包含了请求头、请求参数，以及请求方式，然后进行逻辑处理，在本项目中请求方式是 post 请求。

后端接收到前端发送过来的文件后，这里用到了一个 if 条件语句检查文件是否有效并判断其是否是 txt 格式，如果满足条件，先将文件编码格式转化为 utf-8 格式，然后调用模型继续进行后续的处理，成功处理后响应数据给前端页面；否则传回一个“400”的标志，表示解析失败。

在构建模型时，第一步将数据集加载进来，这里使用到的数据集为“密码算法数据.xlsx”，然后将“算法说明”内容作为输入，其他字段合并为输出；第二步将数据转换为标准格式，使用 CountVectorizer 定义输入和输出的矢量，CountVectorizer 是 scikit-learn 库中的一个工具，主要用于将文本数据转换为词频矩阵，接着将输入输出的矢量转化为矩阵；第三步获取编码器、解码器的参数信息，包括大小和最大序列长度；第四步创建自定义数据集类，将数据集分为训练集和验证集，其中数据集的 20%作为验证集，同时创建数据加载器，这里使用 PyTorch 的 DataLoader 来加载训练集和验证集；第五步实现编码器的功能，处理序列数据，通过嵌入层（Embedding）和循环神经网络层（LSTM）将输入序列编码为隐藏状态和细胞状态；第六步实现解码器功能，将编码的隐藏状态解码为目标序列；第七步实现 Seq2Seq 即编码器-解码器模型的构建，其中的第五、六、七步已经前面章节详细阐述。

训练模型时第一步定义 Seq2Seq 模型的参数，包括源序列和目标序列中词汇表的大小、编码器和解码器嵌入层的嵌入维度、隐藏状态维度、网络层数和 dropout，dropout 是一种正则化技术，本模型中将 ENC_DROPOUT 和 DEC_DROPOUT 设置为 0.5，表明在每个训练步骤中，大约有一半的节点将被丢弃；第二步将模型的所有参数和缓冲区移动到指定的设备上，确保所有计算都在同一台设备上执行，避免不必要的数据传输；第三步使用 PyTorch 库中的一个优化器 optim.Adam，用于更新模型的参数以最小化损失函数；第四步在定义好训练模式和评估模式之后，进行 10 轮前向传播和反向传播，并显示每个 epoch 的 Train Loss 和 Val Loss，最后保存模型的所有权重到 seq2seq_model.pt 文件中，这些权重可以被加载到相同结构的模型中以实现模型的复用或部署。

在实现将密码算法的说明转换为规范化表示的函数中，第一步将模型设置为评估模式，使用 input_vectorizer 将输入的句子转换为整数序列，并转换为 PyTorch 张量，然后将其移动到指定的设备上进行计算、处理；第二步使用模型的编码器（model.encoder）对输入句子进行编码，得到隐藏状态和细胞状态；第三步设置空格为开始标记，初始化目标标记列表 trg_indexes；第四步实现解码过程，这一过程如图 6-19 所示，其中 trg_index 表示目标序列单词索引的列表；第五步使用 output_vectorizer 将预测的词标记列表转换回人类可读的单词列表，并连接成字符串，并去除开始和结束标记，返回处理的结果。

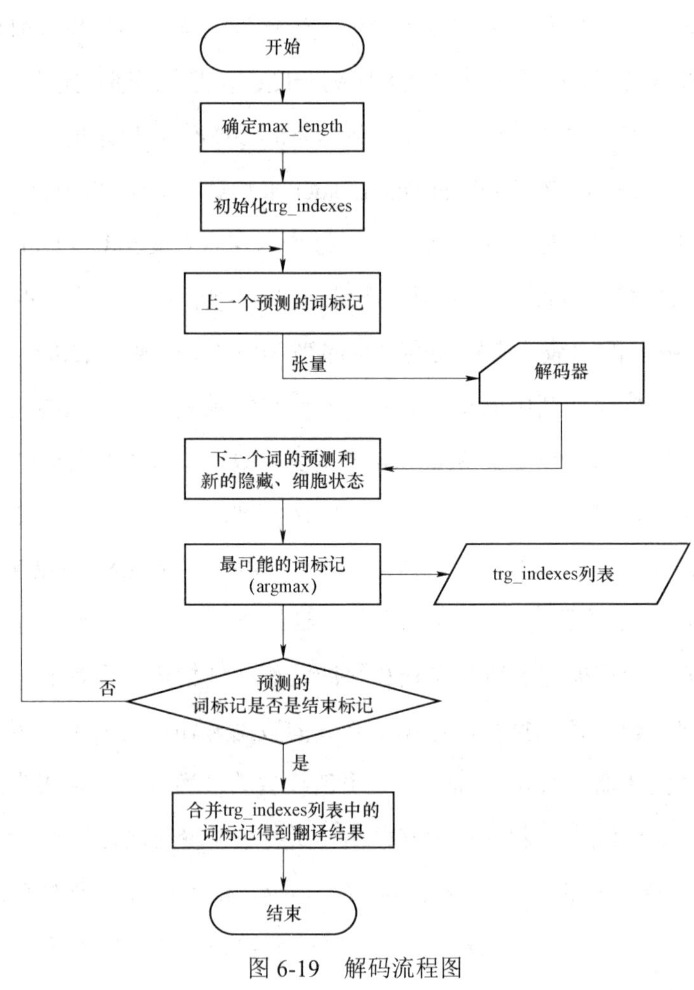

图 6-19　解码流程图

6.6.4　系统集成与测试

首先进行后端服务器功能的测试，用 CAST-128 密码算法的说明进行验证，控制台能正常解析出结果，将生成的内容以 json 字符串的格式展示，其中'c_in'代表输入，'c_extend'代表密钥扩展，'c_init'代表初始化，'c_wheel'代表轮函数，'c_operation'代表基本运算，'c_s'代表 s 盒，'c_p'代表 p 盒，'c_ninit'代表逆初始化，'c_out'代表输出，图 6-20 显示了解析后的键值对内容。

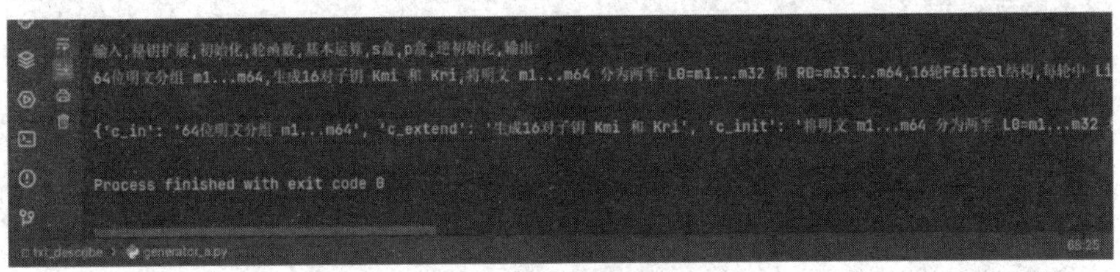

图 6-20　解析结果

接着进行前后端的综合测试，在 web 前端页面打开文件进行上传，这里选择 LBlock 算法的描述文档进行测试，如图 6-21 所示。

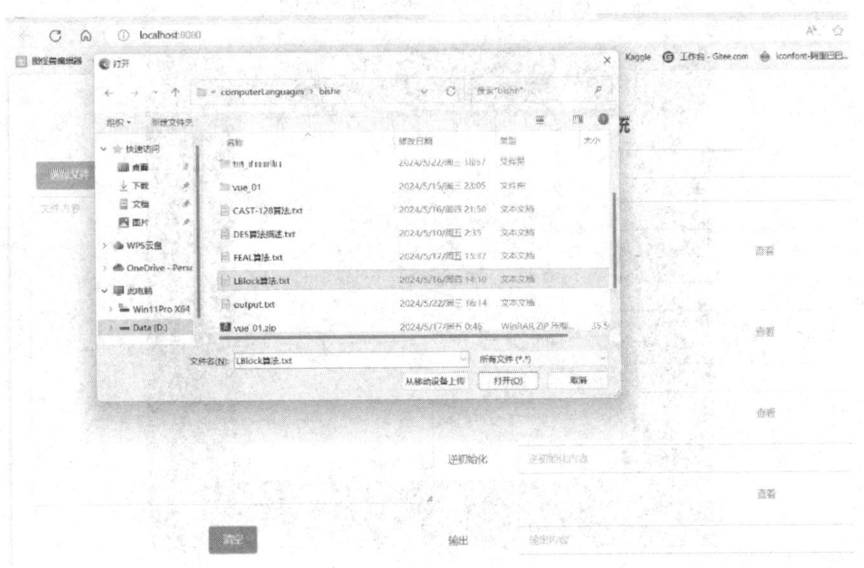

图 6-21　文件上传测试

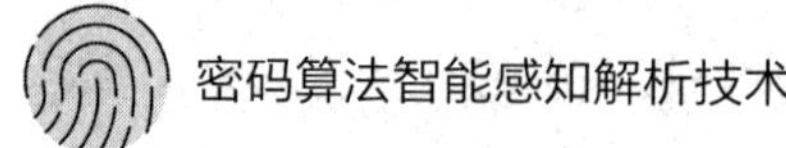

文件上传到后端，服务器处理后响应解析的数据给前端页面，前端页面正常展示了对 LBlock 算法进行规范化表示的各项信息，“输入”“密钥扩展”“轮函数”等内容与描述文档基本一致，图 6-22 和图 6-23 展示了最后的运行效果。

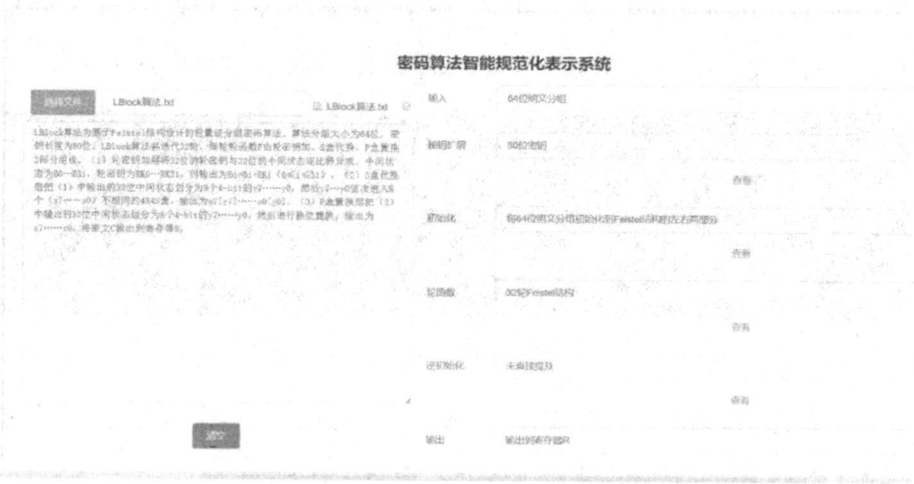

图 6-22 规范化表示输出测试 a

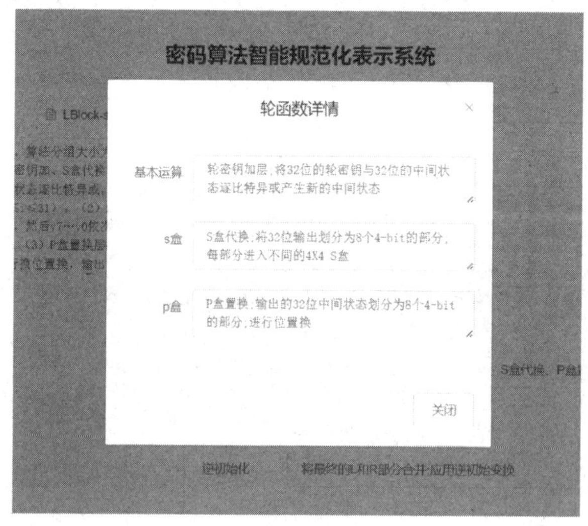

图 6-23 规范化表示输出测试 b

接着继续对其他的分组密码算法进行相同的测试，大部分情况下，系统能成功解析，得到相应算法的规范化表示。由于数据集中涉及的流密码相关信息相对较少，在对流密码算法进行解析时，准确度并不是很高。

6.7　本章小结

本章以分组密码为例研究并提出了密码算法智能规范化表示技术与系统，在分组密码统一组件模型的基础上制定了更为简洁的规范化表示规则，目前系统能对大部分的分组密码进行规范化表示输出，并能对其中的基本运算、S 盒、P 盒等信息进行详细描述。用户通过界面的展示能清楚地看到对输入的密码算法的统一且简要地描述，系统简单易用，在很大程度上方便了对密码算法的理解和研究。

该密码算法智能规范化表示技术运用了深度学习相关技术，使用 Pytorch 框架来构建序列到序列模型 Seq2Seq，即本章中提到的编码器-解码器模型，其中主要运用循环神经网络的变体 LSTM。后端使用 Python 语言进行开发，Web 应用框架选择 flask；同时结合前端开发技术完成系统页面的展示和交互，使用 JavaScript 语言，选择 Vue 框架来搭建前端页面；使用 MySQL 数据库进行密码算法信息的存储和管理；使用统一框架便于应用的改进和扩展，目前该系统支持在 Windows 系统下运行和使用。

由于密码算法在不断更新、改进和完善，在构建深度学习模型时使用到的密码算法数据相对有限，本章只针对分组密码的结构进行密码算法规范化表示模型的设计，模型对其他算法的规范化描述并不精确，因此对本研究提出以下展望：

扩展标准化数据集。还应不断收集新的密码算法数据，特别是针对分组密码的更新、改进和变种，同时应当确保数据的质量和一致性，增强数据收集和处理能力，可考虑与密码学社区合作，共享和公开数据集。

提升模型泛化能力，设计更加通用的模型结构。使之能处理不同类型和结构的密码算法，不仅仅包括分组密码，还包括流密码、非对称密码等。利用迁移学习等技术，使模型能够从一种密码算法中学习到的知识应用到其他算法中。

提升密码算法分析的准确性。可尝试引入更先进的神经网络结构、优化算法和正则化技术等进行深度学习模型的改进和优化。

第 7 章　基于 Graphviz 的加密算法流程可视化技术

密码算法通过加密和解密机制，来确保信息在存储和传输过程中的保密性、完整性和可用性，以用来防止未经授权的访问和数据泄露，它在现代信息安全中尤为重要，特别是在数据保护和网络安全领域。而且密码技术的应用范围广泛，包括但不限于网络通信加密、数字签名、身份认证和安全支付等。但是密码算法的复杂性使我们的学习和理解成了一个难题，于是算法的可视化就成为计算机和密码算法领域重要的研究内容。

虽然现如今已经有一些可视化工具出现，但现有的可视化工具存在局限性，比如操作烦琐，界面不够友好、功能不够完善，以及支持的算法组件种类有限等，这些问题就限制了这些工具的应用和发展，影响了用户的体验和学习效率。

本章主要研究基于 Graphviz 的加密算法流程可视化技术，以及系统研发中的需求分析、系统设计、系统实现和系统测试等方面，设计并实现了一个创新性的高效可视化系统，系统通过用户通过输入密码算法的规范化描述，自动解析并生成相应的可视化流程图。该技术支持包括 S 盒替换、P 盒置换、XOR 运算在内的多种密码算法组件，以直观的方式展示算法各步骤的输入输出关系、组件功能及其迭代结构，有效辅助用户深入理解算法原理。

在技术研究和系统开发过程中，主要解决规范化文本的自动解析、直观可视化效果的生成以及多种密码算法组件的可视化表达等关键技术问题。综合应用 Python Web 开发的各项技术，深入研究使用 Flask，Graphviz 库，正则表达式，Vue.js 等，设计实现了密码算法可视化系统。完成了对规范化文本的解析，密码算法组件的设计，生成可视化图像转化为 Base64 编码并返回到前端显示等主要操作。系统研发完成后，通过对密码算法的测试案例分析，验证了系统的准确性和实用性。

通过本章研究旨在设计并实现一个功能全面的基于 Graphviz 的加密算法流程可视化系统，以满足为密码算法的教学和分析提供有效工具，未来工作中将进一步优化系统性能，并扩展更多的可视化功能，以满足用户的多样化需求。本章的研究和研发预期将为密码学领域的进一步发展做出贡献。

本章具体组织结构如下：

第 7.1 节主要介绍研究背景和意义，包括研究的现状和存在问题，以及主要研究内容。

第 7.2 节确定系统设计的思想和所用到的技术，并对相关技术进行介绍。

第 7.3 节介绍密码算法可视化技术的相关理论。

第 7.4 节分析和设计实现可视化功能需要的各个重要模块。

第 7.5 节叙述系统实现，介绍关键算法、函数和语句。

第 7.6 节使用实际案例全面测试系统。

第 7.7 节最后总结全文，并展望未来研究方向。

7.1 研究背景与意义

7.1.1 研究背景

如今网络攻击的日益频繁和复杂，传统的密码算法渐渐地暴露了它的局

限性。研究和开发更高效、更智能的密码技术成为当前科研和工业界的热点。随着大数据和人工智能技术的快速发展，如何从海量数据中自动提取和分析密码学信息，以及如何利用这些信息来优化和创新密码算法，已经成为一个迫切需要解决的问题。为了应对这些挑战，本研究提出了一个综合性的密码算法智能感知系统，通过智能技术感知网络中的密码学应用，并对密码算法进行解析和可视化表示，以支持更深入的密码学研究和学习。

密码算法可视化技术的研究是源于密码学教学和算法分析的需求，早期的研究主要集中在使用图形化的方式展示密码算法的基本结构和运作过程，以提高学习者的理解和掌握。Schneier 在其著作《应用密码学》中使用流程图和示意图来解释 DES、AES 等经典密码算法，随后一些研究者就开发了基于可视化的密码算法教学工具，比如 CrypTool 和 Crypto + +，这些工具能够生成密码算法的可视化效果，并且提供交互式的学习环境。

由于密码算法通常由复杂的数学运算和逻辑结构组成，如 S 盒替换、P 盒置换、XOR 运算等，所以这些算法组件的工作原理和相互关系对于学习者来说都是一大挑战。而传统的密码算法学习方式通常依赖于枯燥的大篇幅文字描述和抽象的数学公式，缺乏直观的可视化表达，不利于学习者快速掌握算法的工作原理。虽然目前国内外已有一些密码算法可视化工具，如 CrypTool、Crypto + +等，但这些工具大多需要用户手动输入算法细节，操作烦琐，且支持的算法组件种类比较少，无法全面覆盖复杂密码算法的结构。

7.1.2　研究现状

近年来，可视化技术已经取得了显著的进展，研究人员通过精心设计和开发，推出了一系列基于图形用户界面的可视化工具，不仅极大地提升了密码算法的可视化效果，还显著增强了用户的交互体验，为密码学的深入研究提供了有力的支撑。研究人员通过利用这些先进的可视化工具，能够更加精准地分析算法的安全性，所以一些学者积极探索将密码算法可视化技术应用于密码分析和密码设计等领域，为新型密码算法的设计与创新提供重要的参考。这一系列的实践和研究，不仅推动了密码算法可视化技术的不断发展，也为密码学领域的整体进步做出了积极的贡献。

然而尽管密码算法可视化技术已经取得了一定进展，但仍然存在一些亟待解决的问题和挑战，也即可视化技术的局限性。当前大部分密码算法可视化工具都还比较初级，都还不能全面反映算法的复杂性和细节，无法支持密码学研究人员进行深入分析。这些工具的性能有待进一步优化，以提高使用效率。并且随着量子密码算法等新型密码算法的出现，密码算法可视化技术在这些前沿领域的应用非常有限，需要进一步研究和探索。

虽然密码算法可视化技术正在不断发展，为密码学研究提供了新的工具和视角。但是要想真正发挥其在密码学研究中的作用，还需要密码学研究人员和可视化技术工程人员进一步合作，不断完善可视化技术，拓展其在密码学领域的应用。

7.1.3　研究意义

本章研究提出基于 Graphviz 的加密算法流程可视化技术，旨在帮助密码学相关研究人员更好地理清密码算法的每一个步骤，提高密码算法学习和研究的效率。该技术可以自动地解析用户输入的规范化密码算法描述，生成直观的可视化流程图，展示算法各个步骤的输入输出关系、组件功能以及迭代结构。

本章主要研究和设计多个密码算法操作的可视化组件，对规范化文本的解析，以实现相应的可视化组件并产生有逻辑的连接。开发与用户的交互页面，当用户输入规范化文本，即可得到可视化图形，帮助理解密码算法。详细说明系统所采用的技术手段和方法。

该系统相比于现有工具，将大大降低用户的操作难度，同时生成的可视化效果也更加直观，有助于研究人员和相关学者理解密码算法的工作原理。如果未来能进一步优化系统性能，增加更多的可视化功能和效果，满足用户的多样化需求，本研究成果将有望为密码算法的教学和研究提供新的解决方案，成为

密码算法教学和分析的新型工具，从而促进密码学知识的普及和应用。

7.2　密码算法可视化技术相关理论

7.2.1　密码算法的基本概念

密码学常被认为是数学和计算机科学的分支，和信息论也密切相关，涉及数据的加密和解密，以保护信息免受未授权访问和篡改。密码是通信双方按约定的法则进行信息特殊变换的一种重要保密手段。依照这些法则，明文加密为密文，称为加密变换，反之则称为解密变换。密码算法主要可分为两大类：对称加密算法和非对称加密算法。此外，哈希函数也在密码学中扮演着重要角色。

对称加密算法：常见的对称加密算法包括数据加密标准（DES）、高级加密标准（AES）和流密码等。对称加密算法使用相同的密钥进行数据的加密和解密。这类算法的主要优点是加解密速度快，适合于大量数据的加密。但对称加密算法的安全性依赖于密钥的保密性，所以一旦密钥泄露，加密的数据就可以被轻易破解。

非对称加密算法：也称为公钥加密，指加密和解密使用不同密钥的加密算法。这种算法中，密钥被分为公钥和私钥两个部分，公钥用于加密信息，而私钥用于解密信息。最常见的非对称加密算法是 RSA 算法，与对称加密不同，非对称加密允许信息的发送方和接收方无需事先交换密钥即可进行安全通信。虽然非对称加密安全性相比于对称加密算法较高，但运算速度不如对称加密算法。

哈希函数：哈希函数是一个从消息空间到像空间的不可逆映射，可以把“任意”长度的输入经过变换以后得到固定长度的输出的函数，输出值通常称为哈希值。在保障数据完整性验证和数字签名方面，哈希函数发挥着重要作用，理想的哈希函数具有高度的抗碰撞性和抗原像性，以确保其安全性。常见的哈希算法包括 MD5、SHA-1 和 SHA-256 等。

7.2.2 可视化技术

在密码算法的教育与学习、研究和开发，以及实际应用的过程中，可视化技术发挥着非常重要的作用。它不仅能够帮助研究者和学习者更直观地理解复杂的密码算法，更能高效地展示算法的运行机制。下面将会详细介绍可视化技术的基本概念、常用的工具及其在密码算法可视化中的具体应用。

7.2.2.1 密码算法可视化技术的概念

可视化则是将信息转换为视觉表现形式的过程，目的是通过图形化方式能清晰、有效地传达信息给用户。在密码学领域中，可视化技术一般用于表示算法的结构、操作流程和数据流。这种技术可以帮助揭示数据模式、加深理解并促进洞察，特别是在处理复杂的密码结构和大量数据时。

（1）图形表示法

图形表示法是可视化的核心，它包括使用节点（代表操作或数据状态）和边（代表数据流或操作顺序）来构建图形。这些图形可以是简单的线性结构，也可以是复杂的网络结构，具体取决于所表示的算法特性。例如，流密码的操作可能通过简单的线性序列图表示，而像 Feistel 网络这样的复杂密码结构则需要更复杂的图形表示。

（2）可视化工具

我们在实现加密算法流程可视化的过程中，选择恰当的工具非常关键。为了实现生成清晰且高质量的图形，通常需要使用专门的图形可视化工具。这些工具功能丰富，不仅支持节点和边的样式定制、多样化的布局算法，还提供友好的用户交互式操作。

常见的图形可视化工具有 Graphviz，这款图形可视化软件包利用简洁的

文本语言（如 DOT）来描绘图形结构，并兼容多种编程语言的接口。作为一款开源工具，它支持多种图形布局算法和输出格式。在密码算法可视化系统中，Graphviz 因它强大的功能而得到广泛应用，尤其在生成算法流程图方面表现优异。

D3.js 也是图形可视化工具的一种，这是一个基于 Web 标准的 JavaScript 库，可用于在网页上创建交互式的数据可视化效果。该工具由 Mike Bostock 开发，能够运用 SVG、HTML 和 CSS 在 Web 浏览器中呈现数据，并且提供了丰富的图形布局算法和交互功能，因这些功能使其成为构建 Web 应用程序的优选工具。

通过图形可视化工具，可以让密码算法流程可视化系统以直观和交互式的方式呈现算法的结构和流程，从而达到增强用户对算法的理解和分析能力的目的。

7.2.2.2　密码算法可视化技术的应用

密码算法可视化技术通过将抽象的密码算法转换为直观的图形表示，极大地提升了算法的易理解性和可分析性，从而为密码学的进步带来了显著的好处。在密码学的教育、研究和工业应用中都起着较为重要的作用。

（1）教育方面

由于密码算法常常包含复杂的数学运算和逻辑步骤，所以初学者通常难以掌握这些内容，而通过图形化的方式来展示算法的各个组件和流程，学习者就可以更加准确地把握算法的运作原理，从而加深对算法的理解与记忆。除此之外，可视化技术还能演示密码算法在实际操作中的应用，例如数据加密和认证，有助于学生将理论与实际应用相结合。所以在密码学的教育领域，可视化技术能极大地提升教学的效率和成效。

（2）研究方面

在密码算法的研究与开发中，研究人员可以利用这些工具来构建新颖的密码算法模型，通过可视化工具还可以用于评估和比较不同算法的效能和安全性，通过展示多个算法的运行过程，研究者可以轻松地识别各算法的优势和劣势，以此来选择最适合特定需求的算法。

（3）工业应用

在金融交易、通信系统和物联网设备等领域中，可视化技术能发挥验证和调试密码算法实现的作用，它帮助开发者去迅速发现并解决潜在的错误或漏洞。同时，该技术还应用于性能优化和资源管理中，通过可视化显示算法的执行过程和资源使用情况，开发者可以更清晰地识别系统瓶颈，从而给出针对性地优化措施，提升系统的整体性能。

综上所述，密码算法的可视化技术不仅能够增强算法的可理解性和可分析性，而且促进了密码学知识的普及和应用，对信息安全领域的发展做出重要贡献。

7.3 关键技术

本章主要介绍基于 Flask 和 Vue 的密码算法可视化系统设计和实现所需要依赖的库和技术软件。本章主要使用的前端技术栈有 Vue.js、ElementUI 和 Axios 等，具体详细信息如表 7-1 所示：

表 7-1 前端技术栈

技术	类型	版本
Vue.js	渐进式框架	2.5.2
ElementUI	界面美化框架	2.15.14
Axios	网络请求库	1.5.0

后端技术栈主要有 Flask 框架、Flask-CORS、Graphviz 库、正则表达式和 Base64 编码，等，具体详细信息如表 7-2 所示：

表 7-2　后端技术栈

技术	类型	版本
Flask	框架	3.0.3
Flask-CORS	跨域中间件	4.0.0
Graphviz 库	可视化工具	0.20.3
正则表达式（re 模块）	文本处理	\
Base64 编码	数据编码	\

7.3.1　前端开发技术

实现本系统所需的前端技术栈主要有以下几个部分：

Vue.js：Vue.js 以其简洁的 API 和灵活的设计而闻名，允许开发者通过组件化的方式高效地开发复杂的用户界面，是一个用于构建用户界面的开源 JavaScript 框架，主要用于创建单页应用（SPA）。Vue 的核心库专注于视图层，但是也支持通过额外的库来处理路由和状态管理等高级功能。

ElementUI：ElementUI 提供一系列丰富的组件，如表单、按钮、表格、菜单等，遵循一致性、反馈、效率和可控性的设计原则，使得界面既美观又易于使用，是一个基于 Vue.js 的桌面端 UI 组件库，帮助开发者快速构建功能强大且风格统一的 Web 应用程序。同时，支持全局样式引入或按需引入，以适应不同大小的项目需求。

Axios：Axios 支持从浏览器中创建 XMLHttpRequests 和从 Node.js 发出 http 请求，是一个基于 Promise 的 HTTP 客户端，用于浏览器和 Node.js 环境。其特点包括支持 Promise API、拦截请求和响应、转换请求和响应数据、取消请求、自动转换 JSON 数据。

7.3.2　后端开发技术

实现本系统所需的后端技术栈主要有以下几个部分：

Flask：Flask 是一个用 Python 编写的轻量级 Web 应用框架，以简单、灵活和易于扩展为设计理念。基于 Werkzeug WSGI 工具包和 Jinja2 模板引擎，支持快速开发 Web 应用和 API。Flask 不内置数据库抽象层和表单验证，但可以通过扩展增加这些功能，适合小型团队和快速原型开发。

Flask-CORS：Flask-CORS 是一个基于 Flask 框架的扩展库，旨在解决跨域资源共享（CORS）问题。允许开发者通过简单的配置，使得 Flask 应用能够接受来自不同源（域名、协议或端口）的请求，从而支持跨域的 Web 应用通信。

Graphviz 库：Graphviz 是一个强大的图形可视化软件，由 AT&T 实验室开发，用于创建结构化图表如网络图、流程图、组织结构图等。使用 DOT 语言来描述图形，这是一种文本文件格式，用户可以通过简单的文本描述来定义节点和边的关系。

正则表达式（re 模块）：正则表达式是一种用于匹配字符串中字符组合的模式。广泛应用于字符串搜索、替换、验证和分割等操作。在 Python 中，正则表达式通过 re 模块实现，提供了一系列函数和语法用于处理复杂的字符串匹配问题。

Base64 编码：Base64 编码的主要用途是在网络上传输二进制数据，如图片、音频、视频等，因为这些数据直接以二进制形式传输时可能会遇到兼容性问题。Base64 通过将二进制数据转换为只包含 ASCII 字符的文本格式，解决了这个问题。

7.4　系统分析和设计

7.4.1　需求分析

本节对密码算法可视化技术和系统的设计进行需求分析，对系统各个模块功能进行全面的分析，为该项研究和系统设计提供依据。主要对以下几个部分进行需求分析：

功能需求：此系统应具备算法配置、数据的输入与输出、可视化展示、

交互操作、教育辅助等功能。系统要对用户的输入进行解析、正确匹配组件后连接并返回给用户可视化图形。

性能需求：系统应保证快速响应，操作如输入数据、选择算法、生成可视化等的响应时间应控制在用户可接受的范围内，以提供流畅的用户体验。

用户需求：界面应直观，操作的流程应简洁，方便不专业的用户操作，且常用功能易于访问。

拓展需求：为应对密码学领域的持续发展，该系统应设计成易于更新和扩展的系统，让新的算法操作组件能够被方便地添加到系统中。

7.4.2　用户功能需求分析

密码算法可视化系统具体主要功能需求如下：

算法的选择与配置：系统应支持多种密码算法操作，如 S 盒替换、P 盒置换、XOR 运算等。用户应能够通过界面输入所需的操作，并对算法进行必要的配置，如设置轮数和密钥。

输入与输出：系统需要提供一个用户友好的界面，允许用户输入规范化后的算法，并能够快速显示密码算法可视化后的结果。

可视化展示：系统应能够动态展示密码算法的加密或解密过程，包括每一步的详细操作和中间状态的变化。

交互操作：用户能够通过拖拽和缩放等交互方式，探索可视化过程中的不同阶段和细节。

教育辅助：系统应提供对所支持算法的简要说明和操作指南。

7.4.3　系统可行性分析

本节主要分析系统可行性，主要分为技术、经济、操作三个方面，具体如下：

7.4.3.1　技术可行性分析

Python 是一种高级编程语言，因其简洁的语法和强大的库支持而被广泛使用，而 Flask 是一个基于 Python 的轻量级 Web 应用框架，为开发者提供了构建简单 Web 应用需要的基本工具和技术。Flask 不仅支持快速开发，还允许开发者通过插件来扩展功能，以应对更复杂的需求。凭借其灵活性和可扩展性，Flask 成为开发小型到中型 Web 应用较受欢迎的框架。

Graphviz 是一种优秀的图形可视化工具，在自动化图形布局处理中占据了重要地位，它支持多种图形描述语言，例如 DOT。借助 Graphviz，开发者可以生成清晰且层次分明的图形，这些图形不仅促进学术研究的深入，还能为教学提供直观的流程图。

Vue.js 是一款先进 JavaScript 的前端框架，提供了非常好的组件化架构、高效的数据绑定机制和单文件组件的特性，这些特性不仅可以帮助快速开发可复用的前端组件，并且也为管理前端数据提供了有力的支持，同时，Vue.js 还拥有非常完善的生态系统和插件库，开发者可以利用许多现成的组件和工具来完成自己的项目。

在密码算法可视化系统的技术架构中，后端采用 Flask 框架、Graphviz 库进行开发，前端页面采用 Vue.js 进行开发。前后端进行数据交互时，使用 Axios 库进行数据请求和响应。此外还可以用 Element UI 这个基于 Vue.js 的 UI 组件库来开发较为美观的前端页面。

从技术角度分析，密码算法可视化技术和系统的研发是完全可行的。所选用的技术栈（Python、Flask、Graphviz）不仅支持系统的基本需求，还能够通过扩展和优化满足更高级的功能需求。

7.4.3.2 经济可行性分析

从经济角度来看，该系统的开发成本相对较低。主要是因为所使用的技术栈（Python、Flask、Graphviz）都是开源软件，从而不需要支付额外的许可费用。在开发一个基于 Web 的可视化系统时，主要的成本在于人力和服务器维护，但该系统应该不需要高性能的服务器支持，其服务器成本可控。

7.4.3.3　社会可行性分析

社会可行性分析主要考虑技术和系统是否能满足社会需求，并带来价值。因 Web 基础的服务模型能够为用户提供方便快捷的服务，用户无需安装额外的软件即可使用。而密码算法的学习和研究对于信息安全和密码学领域的专业人士和学生来说非常重要，通过应用可视化技术，该系统能够使用户更直观地理解复杂的密码算法，从而提高学习效率和研究质量，满足了当前信息安全教育的需求。

7.4.4　数据流图

本系统的数据流入和结果流出如图 7-1 所示，用户输入的密码算法规范化文本作为系统输入源，可视化图形作为系统的结果返回给用户。

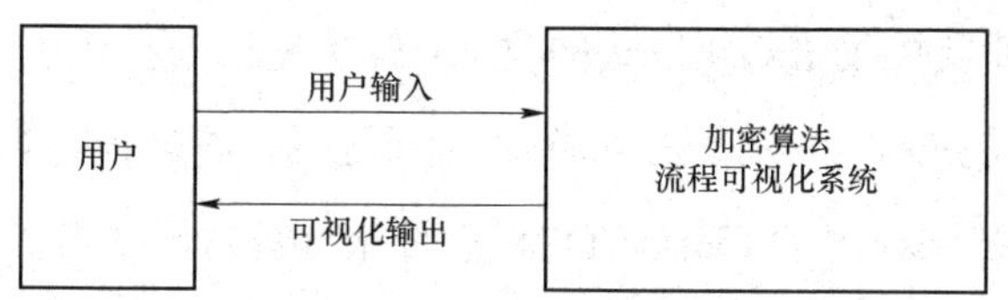

图 7-1　顶层数据流图

0 层数据流图如图 7 2 所示。

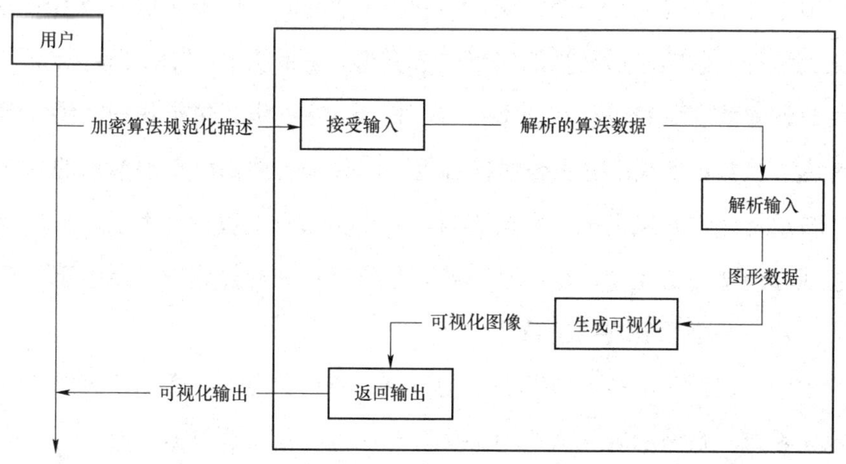

图 7-2　0 层数据流图

7.4.5 系统架构设计

系统通过前后端分离的架构实现密码算法的图形化展示，本章将会详细介绍这一系统的架构设计。

系统的前端使用 Vue.js 框架结合 Element UI 组件库来构建，让用户界面（UI）非常美观且功能强大。因为 Vue.js 提供了响应式和组件化的开发模式，极大地提高了开发效率和页面的交互性。Element UI 则为前端提供了一套完整的 UI 工具集，简化了复杂组件的实现过程，如输入框、按钮、标签页等，都被用于构建本系统的用户操作界面。

后端采用 Python 编写的 Flask 框架，Flask 框架以其轻量级和灵活性著称，非常适合快速开发小型网站或者作为后端服务的原型。本系统中，Flask 处理来自前端的请求，执行核心的密码算法可视化逻辑，并将结果返回给前端。这一过程涉及接收 JSON 格式的输入，解析并根据描述生成相应的图形，最后将图形以 Base64 编码的 PNG 图片格式返回，前端再将其解码显示给用户。此外，系统还利用了 Flask-CORS 插件来处理跨源资源共享（CORS），确保前端可以安全地从不同的源接收到后端的响应。这对于前后端分离的应用尤为重要，因为它们常常部署在不同的服务器或域名下。

数据处理和可视化两个模块，系统使用 Graphviz 这个非常适合用来展示算法流程等复杂的图形结构的库来生成图形。在系统中，借助 Graphviz 来根据用户输入的密码算法步骤动态生成流程图，这些步骤包括各种密码学组件如 S 盒替换、P 盒置换等密码学核心组件，每个组件都以图形节点的形式展现，节点之间的连线则表示数据流向。当有轮函数出现时，为了让用户能够更直观看到重复的操作，设计了用省略号省略中间的操作，只显示第一轮和最后一轮，并显示省略的轮数。

本章经过合理的技术选择和架构设计，成功实现了一个加密算法流程的可视化系统，系统前端界面的动态交互与后端的算法逻辑紧密结合，共同打造了一个既直观又实用的学习工具，极大地增强了用户体验和学习效率。

本系统总体架构图如图 7-3 所示。

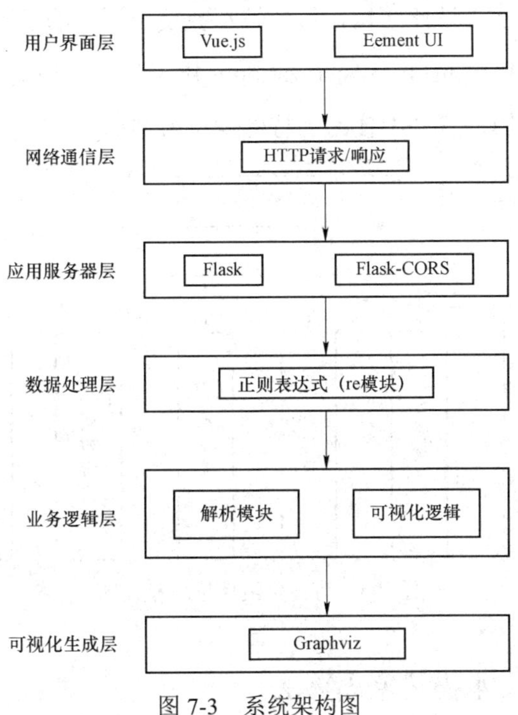

图 7-3　系统架构图

7.4.6　系统可视化组件模块设计

可视化组件模块设计图如图 7-4 所示，共有 6 大组件，分别是 S 盒替换、P 盒置换、XOR 运算、加法器、Feistel 结构迭代、自定义组件。系统可以根据用户的输入对应不同的组件并将组件连接起来，下面给出几个组件的基本概念：

S 盒替换（S-Box Substitution）：S 盒是对称密钥加密中使用的基本组件之一，用于提高加密过程的非线性特性。

P 盒置换（P-Box Permutation）：P 盒用于进行置换操作，以增加加密算法的扩散性。

XOR 运算（XOR Operation）：XOR 运算是加密算法中常用的一种操作，用于混合密钥和明文或密文，将两者进行异或操作。

加法器（Adder）：加法器在某些加密算法中用于执行模加运算。

Feistel 结构迭代（Feistel Structure Iteration）：Feistel 结构是一种将加密算法分为多轮进行的设计结构，每一轮都会使用不同的子密钥。

自定义可视化（Custom Visualization）：用于生成其他类型的可视化组件，这可能包括特定加密算法中使用的特殊操作或结构。

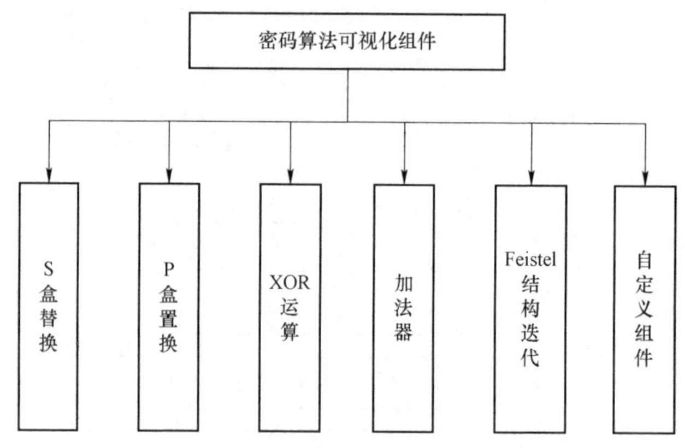

图 7-4　可视化组件模块设计图

7.4.7　规范化文本描述密码算法

在加密算法流程可视化研究和实现中，规范化文本描述密码算法是一项重要的工作。它不仅有助于算法的理解和分析，还便于算法的实现和验证。本章提出了一种规范化文本描述密码算法的方法，该方法通过明确的结构化文本格式来描述算法的各个组成部分和执行步骤，以提高算法描述的清晰度和准确性，用户需按照表 7-3 所示的格式输入密码算法。

表 7-3　规范化文本格式

第 x 步：	明确指出算法执行的步骤序号
组件名称：	指出该步骤中使用的主要算法组件或操作
功能描述：	简要描述该组件或操作的功能
输入：	列出该步骤的输入数据
输出：	列出该步骤的输出数据
操作细节：	详细描述该步骤的执行过程和操作细节
轮数：	指出该操作的循环轮数

以 DES 加密算法为例，我们使用上述方法来规范化描述其加密过程：

第 1 步

组件名称：初始置换

功能描述：对 64 位明文块初始置换

输入：64-bit

输出：64-bit

操作细节：根据预定义的置换表，重新排列 64 位输入的顺序，输出置换后的数据块。

轮数：1

第 2 步

组件名称：子密钥生成

功能描述：生成 16 个子密钥

输入：56-bit

输出：16 个 48-bit 子密钥

操作细节：密钥首先经过 PC-1 置换减少到 56 位，然后分为左右两部分，每部分根据每轮所需的左移位数进行位移，最后通过 PC-2 置换生成 48 位子密钥。

轮数：1

第 3 步

组件名称：Feistel 结构迭代

功能描述：通过 16 轮的 Feistel 结构处理数据，每轮使用一个子密钥。

输入：64-bit（32-bit left + 32-bit right）

输出：64-bit（32-bit left + 32-bit right）

操作细节：每轮中，右侧数据通过扩展置换表扩展到 48 位，与子密钥进行异或操作，然后通过 S 盒进行压缩回 32 位，接着进行 P 盒置换，最后与左侧数据进行异或得到新的右侧数据，原右侧数据成为新的左侧数据。

轮数：16

第 4 步

组件名称：逆置换（IP^-1）

功能描述：逆置换

输入：64-bit

输出：64-bit

操作细节：根据预定义的逆置换表，重新排列 64 位输入的顺序，输出最终的密文块。

轮数：1

7.4.8 异常处理设计

考虑用户需要按照规范化文本格式输入，输入不正确时得不到正确的反馈，所以输入异常时需要明确提示，本系统考虑了两种异常情况，分别是输入为空、输入格式有误两种情况。不同的异常情况会有不同的提示，可参考表 7-4 所示。

表 7-4 异常处理设计

异常	提示
输入为空	输入不能为空
格式有误	某些步骤的格式不正确，请检查每个步骤的格式

7.5 系统实现

7.5.1 系统开发环境

代码编译器：使用 PyCharm 进行代码编写。

Graphviz：可视化图形生成工具，使用 0.20.3 版本。

操作系统：采用微软 win11 进行开发。

7.5.2　系统关键技术实现

本节将对系统规范化文本解析、可视化生成模块，包括可视化组件的连接，多轮操作时图形的表示等关键技术进行详细介绍。

7.5.2.1　规范化文本解析模块

（1）功能描述

解析用户输入的规范化文本，该文本描述了密码算法的各个步骤和组件。目标是从这种结构化文本中提取出算法的步骤和每个步骤中的组件信息，包括组件的名称、功能描述、输入、输出、操作细节和轮数。解析的结果将用于后续的可视化生成过程。

（2）实现方法

通过前端界面绑定的控件获取到用户输入的文本，在前端对格式进行验证，若格式不正确或为空则直接给出异常提示，若格式正确则将文本传到后端的文本解析函数，从中提取必要信息，以便进一步的处理和可视化展示。

（3）核心代码

本模块前端验证格式给出异常提示的核心代码如图 7-5 所示。

```
validateStepFormat(text) {
  const stepRegex =  /第\d+步\s+组件名称：[\s\S]+?功能描述：[\s\S]+?输入：[\s\S]+?输出：[\s\S]+?操作细节：[\s\S]+?轮数：\d+/;
  return stepRegex.test(text);
},
generateVisualization() {
  if (!this.inputText.trim()) {
    Notification.error({
      title: '错误',
      message: '输入不能为空',
      duration: 5000
    });
    return;
  }
  const steps = this.inputText.trim().split( splitter: /(?=第\d+步)/);
  for (const step of steps) {
    if (!this.validateStepFormat(step)) {
      Notification.error({
        title: '格式错误',
        message: '某些步骤的格式不正确，请检查每个步骤的格式',
        duration: 5000
      });
      return;
```

图 7-5　前端核心代码

本功能的后端核心函数为 parse_normalized_text 如图 7-6 所示。

```
def parse_normalized_text(text):
    steps = []
    step_pattern = re.compile( pattern: r'第(\d+)步\n(.*?)(?=第\d+步|$)', re.DOTALL)
    component_pattern = re.compile(
        pattern: r'组件名称：(.*?)\n功能描述：(.*?)\n输入：(.*?)\n输出：(.*?)\n操作细节：(.*?)\n轮数：(\d+)', re.DOTALL)
    for step_match in step_pattern.finditer(text):
        step_number = step_match.group(1)
        step_content = step_match.group(2)
        components = []
        for component_match in component_pattern.finditer(step_content):
            component_name = component_match.group(1).strip()
            component_description = component_match.group(2).strip()
            component_input = component_match.group(3).strip()
            component_output = component_match.group(4).strip()
            component_details = component_match.group(5).strip()
            component_rounds = component_match.group(6).strip()
            component = {
                'name': component_name,
                'description': component_description,
                'input': component_input,
                'output': component_output,
                'details': component_details,
                'rounds': component_rounds
            }
            components.append(component)
        step = {
            'number': step_number,
            'components': components
        }
        steps.append(step)
```

图 7-6　后端核心代码

（4）关键代码解析

函数首先定义了两个正则表达式模式：

step_pattern：用于匹配文本中的每一步，捕获步骤编号和步骤内容。

component_pattern：用于在每个步骤的内容中匹配组件的详细信息，包括组件名称、功能描述、输入、输出、操作细节和轮数。

步骤解析：使用 step_pattern 正则表达式通过 finditer 方法在整个文本中迭代查找每一个步骤。对于每一个匹配的步骤，提取步骤编号（step_number）和步骤内容（step_content）。

组件解析：对于每个步骤的内容，使用 component_pattern 正则表达式再次通过 finditer 方法迭代查找其中的所有组件。对于每一个匹配的组件，提取组件的名称、功能描述、输入、输出、操作细节和轮数，并去除任何多余

的空白字符。

构建数据结构：每个组件的信息被存储在一个字典中，这些字典再被添加到当前步骤的组件列表中。每个步骤也被构造为一个字典，包含步骤编号和组件列表，然后添加到最终的步骤列表中。

返回值：函数返回一个步骤列表，每个步骤是一个字典，包含步骤编号和一个组件列表。每个组件也是一个字典，包含其所有相关信息。这个列表将被用于后续的可视化处理。

7.5.2.2　可视化生成模块

（1）功能描述

主要功能是根据前端发送的规范化文本数据，解析并生成一个加密算法的可视化图。该过程涉及多个加密组件，如 S 盒替换、P 盒置换、XOR 运算、加法器和 Feistel 结构迭代等。代码首先解析前端发送的数据，提取出每一步的组件信息，然后根据这些信息使用 Graphviz 库创建一个有向图（Digraph）。对于每个加密组件，代码会根据其类型、输入输出位数、描述、轮数等信息，调用相应的函数生成可视化的组件，并将这些组件通过边连接起来。最后，将生成的有向图转换为 PNG 格式的图片，并将图片数据编码为 base64 字符串，返回给前端进行展示。

（2）实现方法

实例化一个 Graphviz 的 Digraph 对象，用于构建可视化图。对于解析出的每个加密步骤和组件，根据组件的类型（如 S 盒替换、P 盒置换等），调用相应的函数（如 generate_s_box_visualization、generate_p_box_visualization 等）生成可视化的组件节点和边。通过 dot.edge()方法，根据组件的输入输出关系，将各个组件通过边连接起来，形成完整的加密算法流程图。使用 dot.pipe（format='png'）方法将有向图转换为 PNG 格式的图片数据，然后使用 base64.b64encode()方法将图片数据编码为 base64 字符串，以便于在网络上传输和前端显示。将编码后的图片数据封装在 JSON 对象中，通过 jsonify()方法返回给前端，前端可以将这个 base64 字符串解码并显示为图片，展示加密算法的可视化流程。

（3）核心代码

核心代码如图 7-7、图 7-8 和图 7-9 所示。

```
def generate_visualization():
    # 获取前端发送的数据
    data = request.get_json()
    normalized_text = data.get('text')
    # 解析标准化文本，提取每一步的组件信息
    steps = parse_normalized_text(normalized_text)
    # 创建Graphviz对象
    dot = Digraph()
    # 定义一个变量来跟踪上一个组件的输出节点
    prev_output_node = None
    # 遍历每一步，根据组件信息生成可视化组件
    for step in steps:
        for component in step['components']:
            name = component['name']
            input_bits = component['input']
            output_bits = component['output']
            description = component['description']
            rounds = int(component['rounds'])
            details = component['details']
            if name == "S盒替换":
                s_box_number = int(step['number'])
                generate_s_box_visualization(dot, name, s_box_number, input_bits, output_bits, description, rounds)
                if prev_output_node:
                    dot.edge(prev_output_node,  head_name: f'S{s_box_number}Input')
                if rounds <= 1:
                    prev_output_node = f'S{s_box_number}Output'
                else:
                    prev_output_node = f'S{s_box_number+1}Output'
```

图 7-7　核心代码 1

```
            elif name == "P盒置换":
                p_box_number = int(step['number'])
                generate_p_box_visualization(dot, name, p_box_number, input_bits, output_bits, description, rounds)
                if prev_output_node:
                    dot.edge(prev_output_node,  head_name: f'P{p_box_number}Input')
                if rounds <= 1:
                    prev_output_node = f'P{p_box_number}Output'
                else:
                    prev_output_node = f'P{p_box_number+1000}Output'
            elif name == "XOR运算":
                xor_id = int(step['number'])
                generate_xor_visualization(dot, name, xor_id, input_bits, output_bits, description, rounds)
                if prev_output_node:
                    dot.edge(prev_output_node,  head_name: f'X{xor_id}Input1')
                if rounds <= 1:
                    prev_output_node = f'X{xor_id}Output'
                else:
                    prev_output_node = f'X{xor_id+1000}Output'

            elif name == "加法器":
                adder_id = int(step['number'])
                generate_adder_visualization(dot, name, adder_id, input_bits, output_bits, description, rounds)
                if prev_output_node:
                    dot.edge(prev_output_node,  head_name: f'A{adder_id}Input1')
                if rounds <= 1:
                    prev_output_node = f'A{adder_id}Output'
                else:
                    prev_output_node = f'A{adder_id+1000}Output'
```

图 7-8　核心代码 2

```
    elif name == "Feistel结构迭代":
        feistel_id = int(step['number'])
        generate_feistel_visualization(dot, feistel_id, input_bits, output_bits, description, rounds)
        if prev_output_node:
            dot.edge(prev_output_node,  head_name: f'F{feistel_id}Input')
        if rounds <= 1:
            prev_output_node = f'F{feistel_id}Output'
        else:
            prev_output_node = f'F{feistel_id+1}Output'
    else:
        ip_box_number = int(step['number'])
        generate_custom_visualization(dot, name, ip_box_number, input_bits, output_bits, description, rounds)
        if prev_output_node:
            dot.edge(prev_output_node,  head_name: f'IP{ip_box_number}Input')
        if rounds <= 1:
            prev_output_node = f'IP{ip_box_number}Output'
        else:
            prev_output_node = f'IP{ip_box_number+1000}Output'

# 将Graphviz对象转换为base64编码的图像数据
visualization_data = base64.b64encode(dot.pipe(format='png')).decode('utf-8')
# 返回可视化数据给前端
return jsonify({'visualization': visualization_data})
```

图 7-9　核心代码 3

（4）组件样式

“S 盒替换”组件样式如图 7-10 所示。

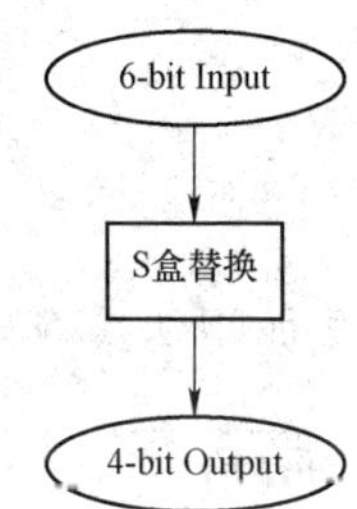

图 7-10　“S 盒替换”组件图

“P 盒置换”组件样式如图 7-11 所示。

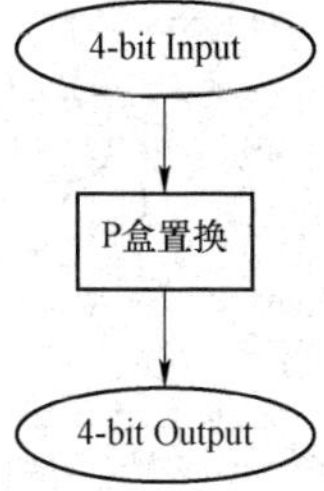

图 7-11　“P 盒置换”组件图

“XOR 运算”组件样式如图 7-12 所示。

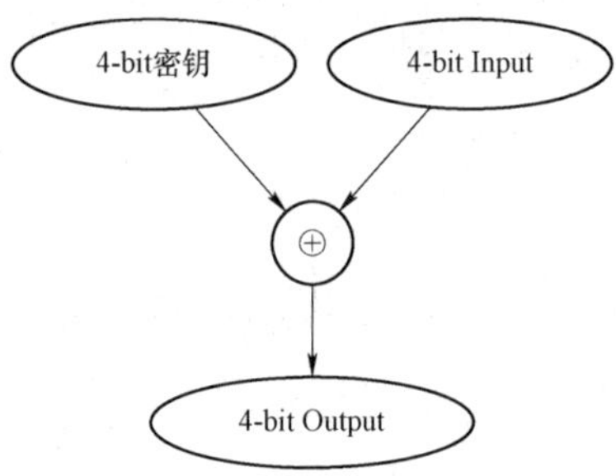

图 7-12 “XOR 运算”组件图

“加法器”组件样式如图 7-13 所示。

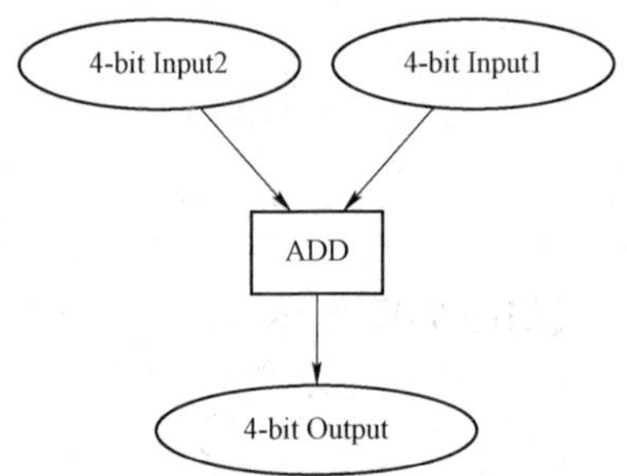

图 7-13 “加法器”组件图

“Feistel 结构迭代”组件样式如图 7-14 所示。

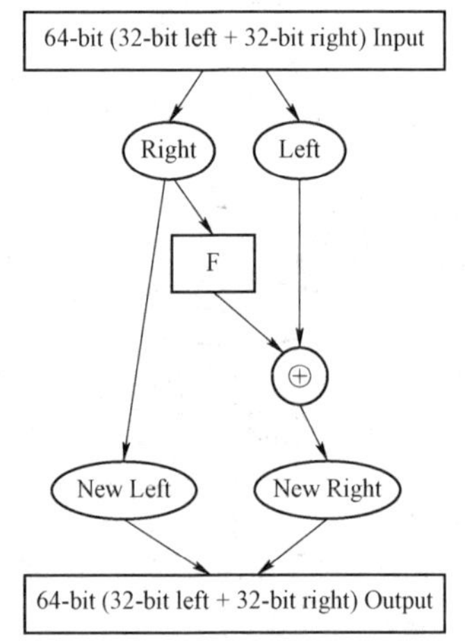

图 7-14 “Feistel 结构迭代”组件图

7.5.2.3　多轮显示模块

（1）功能描述

有轮函数时，能够显示函数的第一轮及最后一轮，中间用省略号表现，并显示中间省略了几轮，可以清晰地可视化多轮数据流，帮助理解和分析其工作原理。

（2）功能实现

在解析到轮数大于 1 时，使用 style＝‘dashed’边将输出节点和省略号节点连接起来，递归调用组件函数来生成下一轮的组件，使用标签省略{rounds-2}轮的边将省略号节点和下一轮输入节点连接起来。

（3）核心代码

以 P 盒置换组件代码为例，当轮数大于 1 时，实现创建省略号节点及调用自身函数后将其有序连接并显示省略轮数的代码如图 7-15 所示。

```
if rounds > 1:
    # 使用HTML-like label创建竖直排列的省略号，并指定更大的字体大小
    ellipsis_label = "<<TABLE BORDER=\"0\" CELLBORDER=\"0\" CELLSPACING=\"0\">" \
                     "<TR><TD><FONT POINT-SIZE=\"24\">.</FONT></TD></TR>" \
                     "<TR><TD><FONT POINT-SIZE=\"24\">.</FONT></TD></TR>" \
                     "<TR><TD><FONT POINT-SIZE=\"24\">.</FONT></TD></TR></TABLE>>"
    ellipsis_node = c.node(f'ellipsis{p_box_number}', ellipsis_label, shape='plaintext',
                           fontname="Microsoft YaHei")
    c.edge(f'P{p_box_number}Output', f'ellipsis{p_box_number}', style='dashed')
    generate_p_box_visualization(dot, name, p_box_number + 1000, input_bits, output_bits, description, rounds: 1)
    c.edge(f'ellipsis{p_box_number}', f'P{p_box_number + 1000}Input', label=f'省略{rounds - 2}轮',
           fontname="Microsoft YaHei")
```

图 7-15　P 盒置换 5 轮显示图

（4）多轮显示图

以 P 盒置换 5 轮为例，如图 7-16 所示。

7.5.3　系统页面

7.5.3.1　总体系统页面

本章的研究建立在本书密码算法智能感知解析技术的总体框架上，密码

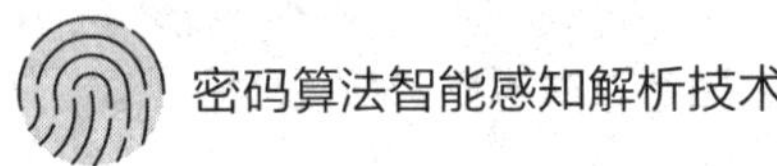

学文献的收集、分类、算法步骤提取、规范化表示和在规范化表示基础上的可视化的总体系统界面如图 7-17 所示。

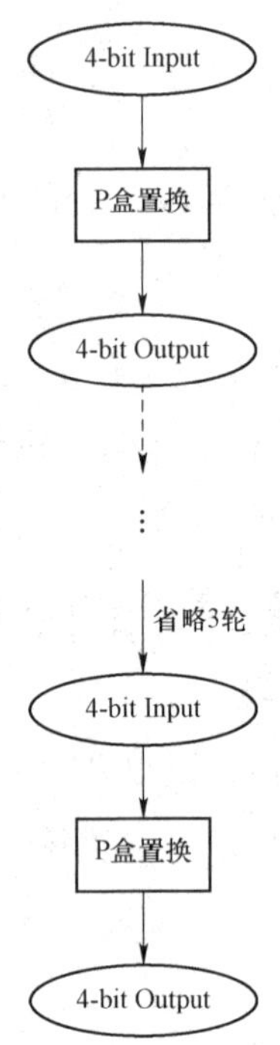

图 7-16　P 盒置换 5 轮显示图

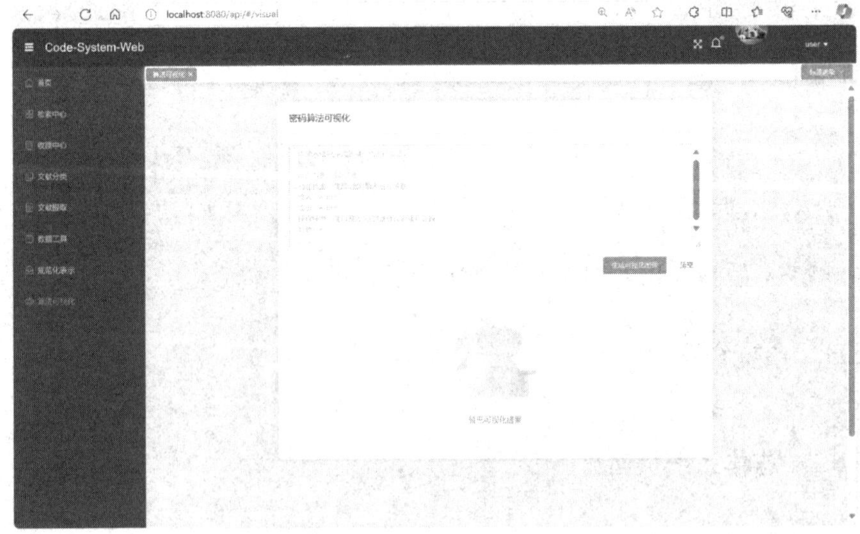

图 7-17　总体系统界面

总系统主要包括五个部分，图中侧边栏的检索中心实现对密码学文献的收集，文献分类则进行密码标准和相关文献智能分类，文献提取进行智能关键算法和步骤抽取，提取文档中的算法步骤和关键算法表示，规范化表示是在关键算法步骤的基础上对于密码算法设计中常用的操作，如轮函数、S 盒、P 盒、异或、模加等，给出粗粒度表示，建立密码算法描述的基本单元，实现密码算法的规范化表示。算法可视化则是本章实现的部分，在粗粒度表示基础上，利用侧重于静态模型的 Graphviz 软件抽象图形可视化工具，自动生成密码算法加密的流程图，帮助研究者直观地理解密码算法的工作原理和流程。

7.5.3.2　系统页面

用户输入界面如图 7-18 所示。

密码算法可视化

生成可视化图像

清空

暂无可视化结果

图 7-18　用户输入界面

输入为空时提示如图 7-19 所示。

图 7-19　输入为空界面

输入格式异常时提示如图 7-20 所示。

图 7-20　输入格式错误界面

用本章所示例子输入后点击生成可视化图像按钮后，即可得到流程图，考虑到本例密码算法步骤多，生成的流程图较长，为方便用户观察，提供放大缩小和拖拽功能，本书基于读者阅读方便，仅提供放大效果图，如图 7-21 所示。

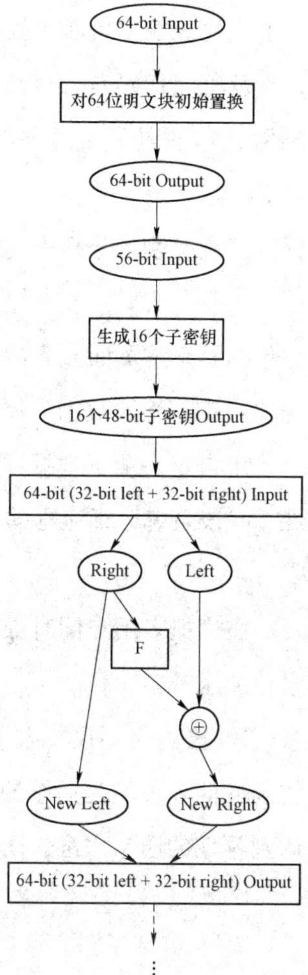

图 7-21　放大后的部分流程图

7.6　系统测试

7.6.1　测试分类

软件系统的检测工作是整个开发流程中不可或缺的关键环节，也是确保最终产品质量的重中之重。系统检测的主旨在于评估系统的运行状况，判断各功能模块是否运转正常，以及程序代码是否存在错误隐患。通过全面细致检测，不仅能提升软件的整体质量，更能发现开发过程中被忽视的薄弱环节，从而增强软件的健壮性和可靠性。

软件检测工作通常被分为三大类别，分别是功能性检测、集成性检测和性能检测。

其中功能性检测的重点包括：系统页面元素的正常显示、页面数据与数据库数据的一致性、数据传输的完整性、数据存储格式的规范性等。

集成性检测则侧重于：使用自定义测试数据评估系统的业务处理能力、检验测试数据的计算正确性、审核系统运行流程的合理性以及用户体验的友好性等。

性能检测核心内容涉及：在模拟多用户同时操作的情况下，系统的响应能力和响应速度是否符合设计要求等。

通过上述三个层面的全方位检测，不仅能发现系统中潜在的缺陷和漏洞，更能全面评估软件的实际性能表现，为后续的优化调整提供重要依据，确保最终交付的产品能够达到预期的质量水准。

7.6.2 主要功能测试

7.6.2.1 功能性测试

密码算法流程可视化系统的功能性测试是指测试出系统能否能够满足功能需求，为用户提供高质量的可视化服务。测试主要内容应该包括以下几个方面。

测试系统是否能正确解析各种格式的规范化密码算法描述文本，检查解析出的算法步骤、组件名称、输入输出位数、操作细节、轮数等信息是否与输入描述一致。

测试系统生成的各种可视化组件（S 盒、P 盒、XOR、加法器、Feistel 网络等）的节点布局、连线、标签是否正确。检查多轮操作时，省略号的显示、连线是否正确，验证自定义组件的可视化效果。

评估生成的可视化图像的清晰度、对比度、分辨率等。检查图像大小、格式是否符合要求。测试图像的放大、缩小、平移等交互操作是否正常。

测试在输入密码算法描述为空、格式错误等异常情况下，系统的处理是否正确（如提示错误信息），检查在极端输入（如超长描述文本）情况下，系统是否能正常运行。

经过测试，所有功能正常。

7.6.2.2　集成性测试

集成性测试主要为以下内容：

使用自定义的测试数据，模拟完整的密码算法可视化流程检查，从前端输入算法描述到后端生成可视化图像的整个过程是否正常。

测试前端与后端的数据交互接口的正确性和健壮性，检查不同类型的输入（正常、异常）时接口的响应情况。

将该可视化系统与其他相关系统（如密码算法分类系统）集成，测试不同系统之间的数据交换和协作是否正常。

经过测试，所有功能都正常。

7.6.2.3　性能测试

（1）并发测试

模拟多个用户同时请求可视化服务的场景评估系统在高并发下的响应时间、吞吐量、资源占用等指标。

（2）压力测试

持续增加请求数量或请求频率，测试系统的极限负载能力，观察系统在压力下的行为，如响应延迟、错误率等。

（3）大数据量测试

使用包含大量密码算法描述的测试数据，测试系统在处理海量数据时的性能表现，如解析速度、内存占用等。

经过测试，系统通过了性能测试这一阶段。

7.6.3 测试用例

规范化文本解析模块功能测试，如表 7-5 所示。

表 7-5 解析模块测试用例表

用例名称	测试功能	具体操作	操作过程	预期状态	测试结果
规范化文本解析功能测试	输入规范化加密算法文本后能正确匹配算法步骤、组件名称、输入输出位数、操作细节、轮数等信息	输入规范化文本，点击生成可视化图像按钮	1.在文本框输入规范化密码算法文本。 2. 点击生成可视化图像按钮	后端 print 出算法步骤、组件名称、输入输出位数、操作细节、轮数与输入的一致	正确

各种可视化组件的可视化视觉测试，如表 7-6 所示。

表 7-6 可视化组件视觉测试用例表

用例名称	测试功能	具体操作	操作过程	预期状态	测试结果
可视化组件视觉测试	组件布局能否达到预期	将各个组件的图像输出查看	后端输出定义好的各个组件	得到的图像与定义的一致	正确

可视化组件连接及多轮显示功能测试，如表 7-7 所示。

表 7-7 可视化图像测试用例表

用例名称	测试功能	具体操作	操作过程	预期状态	测试结果
可视化组件连接及多轮显示功能测试	组件之间连接能够体现数据流向，多轮时能够省略中间重复的轮次，显示第一轮和最后一轮	输入规范化文本，点击生成可视化图像按钮	1.在文本框输入规范化密码算法文本。 2. 点击生成可视化图像按钮	图像中组件与组件之间的连接能够体现数据流向，多轮操作时能够实现只显示第一轮和最后一轮省略中间轮	正确

可视化图像清晰度，放大缩小功能测试，如表 7-8 所示。

表 7-8　可视化图像测试用例表

用例名称	测试功能	具体操作	操作过程	预期状态	测试结果
可视化图像清晰度、放大缩小功能测试	图像的清晰度、大小、格式是否合格，放大缩小功能是否正常	将各个组件的图像输出查看	后端输出定义好的各个组件	清晰度、大小、格式满足要求，放大缩小功能正常	正确

7.6.4　测试结果

在三种测试方法的实践后，发现本系统不存在太大的技术问题，且在测试过程中出现的下列问题均已解决。

（1）省略号显示不正确问题

问题描述：在处理多轮操作时，早期版本中使用的省略号显示方式存在问题，无法正确地表示轮数。

解决方案：通过使用 HTML-like 标签创建竖直排列的省略号，并指定更大的字体大小，解决了省略号显示不正确的问题。

（2）Feistel 网络可视化布局问题

问题描述：在早期版本中，Feistel 网络的可视化布局存在一些问题，如节点位置不合理、连线交叉等。

解决方案：重新构建 generate_feistel_visualization 函数，优化节点布局和连线方式，确保 Feistel 结构可视化的清晰性和美观性，还添加了一些子图结构，以保持左右两个分支在同一水平线上。

（3）异常输入处理不足问题

问题描述：早期版本中，对于一些异常输入情况（如格式错误的算法描述）的处理不足，可能会导致系统崩溃或产生错误的可视化结果。

解决方案：在 parse_normalized_text 函数中添加了更严格的正则表达式匹配，以及相应的异常处理逻辑，确保系统能够正确地处理格式不规范的输入，并给出友好的错误提示。

7.7　本章小结

基于 Graphviz 的加密算法流程可视化技术的研究与系统实现，旨在满足加密算法流程可视化的需求，基于 Flask 框架和 Graphviz 库，实现可以解析规范化的密码算法描述文本，提取算法步骤和组件信息，并生成相应的流程图的一个密码算法流程可视化系统。该技术和系统支持包括 S 盒、P 盒、XOR、加法器、Feistel 网络在内的常见密码算法组件，并能有效处理多轮操作。

与现有的密码算法可视化技术与工具相比，本章的技术与系统提升了系统的易用性，采用规范化的算法描述格式，简化了用户输入。系统采用前后端分离的设计，支持自定义组件的可视化，极大地增强了系统的灵活性和适用范围，便于扩展和维护，利用了成熟的 Graphviz 库进行图形绘制，确保了优秀的可视化效果。

然而，该系统也存在一些局限性，目前仅支持规范化的文本输入，对非规范输入的处理较为有限；可视化组件的种类尚不足以覆盖所有密码算法结构；在处理大量算法描述时，系统的响应时间较长；此外，系统还缺乏更完善的异常处理和安全防护机制。

为了进一步提升和优化系统，未来的工作将集中在以下几个方面：优化算法描述解析模块，增强对非规范输入的容错处理；扩充可视化组件库，以支持更多的密码算法结构和操作；提高系统性能，例如通过并行计算等技术提升处理大数据量的能力。

总之，本章提出的基于 Graphviz 的加密算法流程可视化技术与系统可以成为密码学研究和教学的重要辅助工具。通过直观的可视化展示，帮助研究人员和学生深化对密码算法原理和流程的理解。未来经过优化和扩展将使系统功能和性能得到进一步的提升，为密码学领域贡献更大的力量。

参考文献

［1］吴文玲，冯登国，张文涛．分组密码的设计与分析［M］．北京：清华大学出版社，2009.

［2］吴文玲，眭晗，张斌．轻量级密码学［M］．北京：清华大学出版社，2022.

［3］胡予濮，张玉清，肖国镇．对称密码学［M］．北京：机械工业出版社，2002.

［4］丁存生，肖国镇．流密码学及其应用［M］．北京：国防工业出版社，1994.

［5］林东岱，曹天杰．应用密码学［M］．北京：科学出版社，2009.

［6］冯登国，裴定一．密码学导引［M］．北京：科学出版社，2008.

［7］XIANG J Z. Using legalization to promote password intelligence to achieve the credibility of active immunization-an exclusive interview with Shen Changxiang，a member of the Chinese Academy of Engineering and a cryptologist［J］. China Information Security，2019，119（11）：65-68.

［8］吴文玲．密码算法检测分析技术与基础平台［R］．北京：国家自然科学基金委员会，2013.

［9］密码算法自动分析平台．国家科技基础条件平台中心［EB/OL］．［2024-12-22］.

［10］http://dacas.iie.cas.cn/yjfx/mmsfyj/201410/t20141010_261427.html［EB/OL］．［2016-12-06］.

［11］山东大学．基于 SAT 的对称密码自动化分析平台可视化方法及系统：CN202111086891.3［P］．北京：国家知识产权局，2022-03-01.

［12］陈晨．密码应用安全态势感知平台研究与开发［D］．西安：西安电子科技大学，2020．DOI:10.27389/d.cnki.gxadu.2020.002308.

［13］姚相振，孙淑娴，韩潇哲，等. 商用密码应用分析及监测感知平台建设方案探究［J］. 信息安全与通信保密，2022（9）：74-81.

［14］http://u2f7www.opsefy.com/index.html［EB/OL］.［2022-8-22］.

［15］https://www.mathmagic.cn/？ m=content&c=index&a=lists&catid=137［EB/OL］.［2024-02-25］.

［16］车载嵌入式密码芯片电磁侧信道分析平台［R］. 北京：北京理工大学，软件著作权登记号：2023SR0366015，2023.

［17］基于遗传算法的分组密码能量分析平台［R］. 北京：北京理工大学，软件著作权登记号：2022SR1426330，2022.

［18］国产化密码算法可视化演示系统［R］. 北京：北京电子科技学院，软件著作权登记号：2023SR0539948，2023.

［19］桂林电子科技大学. 轻量级密码分析系统：CN201220675252.0［P］. 北京：国家知识产权局，2013-09-11.

［20］RIVEST R L. Cryptography and machine learning［C］//Proceedings of Advances in Cryptology. Springer, 1991: 427-439.

［21］JOLLANDA S. Some applications of machine learning in cryptography［C］//Proceedings of ICSNS-Ⅷ.IEEE, 2020: 1-9.

［22］ALANI M M. Applications of machine learning in cryptography: a survey［C］//Proceedings of the 3rd International Conference on Cryptography, Security and Privacy. ACM, 2019: 23-27.

［23］PAT TANAYAK S, LUDWIG S A. Encryption based on neural cryptography［C］//Proceedings of the International Conference on Hybrid Intelligent Systems. IEEE, 2017: 1-4.

［24］KINZEL W, KANTER I. Neural cryptography［C］//Proceedings of the 9th International Conference on Neural Information Processing. Springer, 2002: 1351-1354.

［25］ROSEN Z M, KLEIN E, KANTER I, et al. Mutual learning in a tree parity

machine and its application to cryptography [J]. Physical Review E Statistical Nonlinear & Soft Matter Physics, 2002, 66(6): 66-135.

[26] ABADI M, ANDERSEN D G. Learning to protect communications with adversarial neural cryptography [C] //Proceedings of the International Conference on Learning Representations. OpenReview, 2016: 1-15.

[27] COUTINHO M, DE OLIVEIRA ALBUQUERQUE R, BORGES F, et al. Learning perfectly secure cryptography to protect communications with adversarial neural cryptography [J]. Sensors, 2018, 18(5): 1306.

[28] ZHOU X, WANG C, JING X. Componential design of cryptographic algorithm based on generative adversarial method [J]. Journal of Beijing Electronic Science and Technology Institute, 2020, 28(4): 1-15.

[29] YAN X, CUI B, XU Y, et al. A method of information protection for collaborative deep learning under GAN model attack [J]. IEEE-ACM Transactions on Computational Biology and Bioinformatics, 2021, 18(3): 871-881.

[30] DING Y, WU G, CHEN D, et al. DeepEDN: A deep-learning-based image encryption and decryption network for Internet of medical things [J]. IEEE Internet of Things Journal, 2021, 8(3): 1504-1518.

[31] WU J, XIA W, ZHU G, et al. Image encryption based on adversarial neural cryptography and SHA-controlled chaos [J]. Journal of Modern Optics, 2021, 68(8): 409-418.

[32] ZHANG H, ZHOU S B. Application of chaos theory in cryptography [J]. Journal of Chongqing University, 2004, 27(4): 39-43.

[33] SU S, LIN A, YEN J C. Design and realization of a new chaotic neural encryption decryption network [C] //Proceedings of the IEEE Asia-Pacific Conference on Circuits and Systems. IEEE, 2000: 335-338.

[34] FANG P, LIU H, WU C. A novel chaotic block image encryption algorithm

based on deep convolutional generative adversarial networks [J]. IEEE Access, 2021, 9: 18497-18517.

[35] HOSPODAR G, GIERLICHS B, DE MULDER E, et al. Machine learning in side-channel analysis: a first study [J]. Journal of Cryptographic Engineering, 2011, 1(4): 293-300.

[36] LERMAN L, BONTEMPI G, MARKOWITCH O. A machine learning approach against a masked AES[J]. Journal of Cryptographic Engineering, 2015, 5(2): 123-139.

[37] WANG K, YAN Y J, GUO P F, et al. Research on power analysis attack based on improved residual network and data augmentation technology [J]. Journal of Cryptologic Research, 2020, 7(4): 551-564.

[38] MARTINASEK Z, HAJNY J, MALINA L. Optimization of power analysis using neural network [C] //Proceeding of the International Conference on Smart Card Research and Advanced Applications. Springer, 2013: 94-107.

[39] WANG T, GOLDBERG I. Improved website fingerprinting on Tor [C] //Proceedings of the 12th Annual ACM Workshop on Privacy in the Electronic Society. ACM, 2013: 201-212.

[40] RIMMER V, PREUVENEERS D, JUAREZ M, et al. Automated website fingerprinting through deep learning [C] //Proceedings of the 25th Annual Network and Distributed System Security Symposium. IEEE, 2018: 1-15.

[41] SIRINAM P, IMANI M, JUAREZ M, et al. Deep fingerprinting: undermining website fingerprinting defenses with deep learning [C] // Proceedings of the 2018 ACM SIGSAC Conference on Computer and Communications Security. ACM, 2018: 1928-1943.

[42] GUPTA M, DESHMUKH M. Single secret image sharing scheme using neural cryptography [J]. Multimedia Tools and Applications, 2020, 79(12): 183-204.

［43］XIE P, BILENKO M, FINLEY T, et al. Crypto-Nets: Neural networks over encrypted data［J］. arXiv, 2014, 1412.6181.

［44］韩玲. 科技文献检索在科研选题中的重要作用［J］. 江苏科技信息，2019，36（33）：3.

［45］黄孝伦，王东. 以 Selenium+Chrome 为核心的数据采集系统设计［J］. 计算机技术与发展，2020，30（9）：5.

［46］于戈，倪巍伟，宋伟，等. 新计算模式下的信息安全防护专题序言［J］. 计算机科学，2024，51（3）：1-2.

［47］刘石磊. 对反爬虫网站的应对策略［J］. 电脑知识与技术：学术版，2017（5X）：4.

［48］何苗，张蕴. 基于 Selenium 框架的定向网络数据获取的设计与实现［J］. 工业控制计算机，2020，33（6）：3.

［49］Kevin. 网络爬虫技术原理［J］. 计算机与网络，2018，44（10）：3.

［50］郭丽蓉. 大数据环境下的网络爬虫设计［J］. 山西电子技术，2018（2）：4.

［51］王以伍，舒晖. 基于 SpringBoot+Vue 前后端分离的高校实验室预约管理系统的设计与实现［J］. 现代计算机，2023，29（1）：114-117.

［52］高洪岩. SpringBoot+MVC 实战指南［M］. 北京：人民邮电出版社，2022.

［53］梁灏. Vue.js 实战［M］. 北京：清华大学出版社，2017.

［54］刘亚茹，张军. Vue.js 框架在网站前端开发中的研究［J］. 电脑编程技巧与维护，2022（1）：18-19，39.

［55］王志亮，纪松波. 基于 SpringBoot 的 Web 前端与数据库的接口设计［J］. 工业控制计算机，2023，36（3）：51-53.

［56］蒋晟，陈科. 基于 SpringBoot 的学生宿舍管理系统的设计与实现［D］. 成都：四川大学锦城学院计算机与软件学院，2021.

［57］刘超. 基于 SpringBoot+MyBatis 的在线投票系统的设计与实现［D］. 长春：吉林大学，2018.

［58］荣艳冬. 关于 MyBatis 持久层框架的应用研究［J］. 信息安全与技术，2015（12）：14-18.

［59］黄刚，陈乃阔，杨梦云，等. 一种基于 Vue 和 Axios 的 Restful API 请求方法及装置：CN202010750088.4［P］. 2024-05-22.

［60］孙一笑，张玉军，孙宇成，等. 基于 WebAPI 前后端完全分离的软件开发模式［J］. 信息与电脑（理论版），2019，13（6）：96-97.

［61］郭双宙. 软件设计原则与模式［M］. 北京：机械工业出版社，2015.

［62］李宇，刘彬. 前后端分离框架在软件设计中的应用[J]. 无线互联科技，2018，15（17）：35-42.

［63］曾辉. 关系数据库技术在计算机网络设计中的应用［J］. 信息与电脑，2023，35（14）：206-208.

［64］宋俊雅，王鹏彪，黄俊爽，等. B/S 结构软件的系统测试技术［J］. 科技信息，2010（10）：2.

［65］陶幸辉，宋志刚. 软件系统测试类型及测试用例设计［J］. 科技经济市场，2011（6）：3.

［66］周志华. 机器学习 Machine Learning［M］. 北京：清华大学出版社，2016.

［67］Devlin J, Chang M W, Lee K, et al. BERT: Pre-training of Deep Bidirectional Transformers for Language Understanding［J］. arXiv preprint arXiv: 1810.04805,2018.

［68］苏金树，张博锋，徐昕. 基于机器学习的文本分类技术研究进展[J]. 软件学报，2006（09）：101-107.

［69］李飞鸽，王芳，黄树成. 基于 Albert 与 TextCNN 的中文文本分类研究［J］. 软件导刊，2023，22（4）：27-31.

［70］Miao Y, Gowayyed M, Metze F. EESEN: End-to-End Speech Recognition Using Deep RNN Models and WFST-based Decoding［C］//2015 IEEE Workshop on Automatic Speech Recognition and Understanding (ASRU).

IEEE, 2016.

［71］Hochreiter S，Schmidhuber J. Long Short-Term Memory［J］. Neural Computation，1997，9（8）：1735-1780.

［72］赵旸，张智雄，刘欢，等. 基于 BERT 模型的中文医学文献分类研究［J］. 数据分析与知识发现，2020，4（8）：41-49.

［73］郑丽敏，乔振铎，田立军，等. 基于 BERT-LEAM 模型的食品安全法规问题多标签分类［J］. 农业机械学报，2021，5（2）：30-31.

［74］肖琳，陈博理，黄鑫，等. 基于标签语义注意力的多标签文本分类［J］. 软件学报，2020，3（1）：10-13.

［75］Kithulgoda C, et al. The Incremental Fourier Classifier: Leveraging the Discrete Fourier Transform for Classifying High Speed Data Streams［J］. Expert Systems with Application, 2018.

［76］贾红雨，王宇涵，丛日晴，等. 结合自注意力机制的神经网络文本分类算法研究［J］. 计算机应用与软件，2020，3（2）：15.

［77］刘飞龙，郝文宁，陈刚，等. 基于双线性函数注意力 Bi-LSTM 模型的机器阅读理解［J］. 计算机科学，2017，2（S1）：21.

［78］孙连英，万莹，王金锋，等. 基于信息增强 BERT 的关系分类方法及装置［J］. 中文信息学报，2021，35（3）：9.

［79］Zheng J，et al. What Does Chinese BERT Learn About Syntactic Knowledge［J］. PEERJ COMPUTER SCIENCE，2023，9：e1478-e1478.

［80］齐佳琪. 基于深度学习的短文本分类研究［D］. 南京：南京大学，2024.

［81］燕飞宇，王晓明. 基于开源框架 Flask 的运维监控系统的设计［J］. 信息与电脑，2016（20）：3.

［82］舒后，熊一帆，葛雪娇. 基于 Bootstrap 框架的响应式网页设计与实现［J］. 北京印刷学院学报，2016，24（2）：6.

［83］王子毅，张春海. 基于 ECharts 的数据可视化分析组件设计实现［J］. 微型机与应用，2016，35（14）：4.

［84］国伟，黄大池．基于 ECharts 的数据可视化研究［J］．西部广播电视，2022，43（20）：227-230，234.

［85］苏小红，孙承杰，李东，等．程序设计实践教程：Python 语言版［M］．北京：机械工业出版社，2022.

［86］万书鹏．基于两类和三类支持向量机的快速多标签分类算法［D］．南京：南京师范大学，2024-05-26.

［87］田艳艳．基于椭圆曲线密码体制的信息安全系统技术研究［D］．哈尔滨：哈尔滨工程大学，2007.

［88］付畅．基于自底向上和互关注的图像问答系统［D］．哈尔滨：哈尔滨工业大学，2019.

［89］马建峰，李凤华．信息安全学科建设与人才培养现状、问题与对策［J］．计算机教育，2005（1）：11-14.

［90］简丹．自然语言理解面向篇章分析中插入语的研究及其在产品设计中的应用［D］．西安：西安电子科技大学，2014.

［91］杨鹏，张利强，贺斯慧．基于 Word 的中文词频分析系统设计与实现［J］．企业科技与发展，2020（10）：70-72.

［92］徐鑫鑫．基于 WMD 距离的文本相似度算法研究［D］．太原：太原理工大学，2019.

［93］崔焱．一种基于互联网语料的人才政策分析方法［J］．科技创业月刊，2020，33（2）：99-103.

［94］游飞，张激，邱定，等．基于深度神经网络的武器名称识别［J］．计算机系统应用，2018，27（1）：239-243.

［95］卢洋．基于主题模型的混合推荐算法研究［D］．成都：电子科技大学，2014.

［96］侯一民，周慧琼，王政一．深度学习在语音识别中的研究进展综述［J］．计算机应用研究，2017，34（8）：2241-2246.

［97］郑川．垃圾评论检测算法的研究［D］．成都：西南交通大学，2015.

[98] 刘强. 深度循环网络在移动端说话人识别中的应用［D］. 成都：电子科技大学，2017.

[99] 李巧玲，关晴骁，赵险峰. 基于卷积神经网络的图像生成方式分类方法［J］. 网络与信息安全学报，2016，2（9）：40-48.

[100] 周涛，霍兵强，陆惠玲，等. 医学影像疾病诊断的残差神经网络优化算法研究进展［J］. 中国图象图形学报，2020，25（10）：2079-2092.

[101] 欧阳艺文，王珂，吴圣娜. 基于优化深度学习的 SAR 图像地物分类检测方法研究［J］. 信息通信，2018，（9）：50-52.

[102] 唐小虎. 基于深度学习的遥感目标检测与方向估计［D］. 西安：西安电子科技大学，2020.

[103] 和丽华，江涛，潘文林等. 基于 CNN-BGRU 的音素识别研究［J］. 云南民族大学学报（自然科学版），2020，29（5）：493-500.

[104] 谈伟文，黄晓鹂. 从万方数据看医学信息检索教材中资源分类的困惑［J］. 现代情报，2008（7）：132-133.

[105] 田鑫. 基于 FPGA 的 SHA-3 算法硬件实现优化与系统设计［D］. 西安：西安电子科技大学，2019.

[106] 李天仙. 基于多跳注意力的中文机器阅读理解［D］. 武汉：华中师范大学，2020.

[107] 何冬昕. 基于人工智能算法的股票综合信息平台的设计与实现［D］. 北京：北京交通大学，2020.

[108] 刘畅，魏忠诚，张春华等. 基于隐马尔可夫模型的步态识别算法［J］. 计算机工程与设计，2019，40（12）：3487-3493.

[109] 胡多勋. 数据加密技术在计算机网络安全中的应用价值［J］. 工业 B，2015（8）：190.

[110] 董俊. 网络信息安全中密码算法的应用研究［J］. 信息安全与技术，2013，4（8）：25-27.

[111] 陈珍，夏靖波，柏骏等. 基于进化深度学习的特征提取算法［J］. 计

算机科学，2015，42（11）：5.
［112］刘礼文，俞弦. 循环神经网络（RNN）及应用研究［J］. 科技视界，2019（32）：2.
［113］蒙飞，单连飞，卢峰等. 基于输入更新长短期记忆网络的调度自适应学习模型［J］. 电力系统自动化，2022，46（24）：10.
［114］郑雪雪. 数据安全与软件加密技术［M］. 北京：人民邮电出版社，1995.
［115］魏嘉银，吕虹，秦永彬. 一种基于 AES 算法的通信信息加密传输方案［J］. 计算机与数字工程，2011，39（10）：4.
［116］徐菲菲，冯东升. 文本词向量与预训练语言模型研究［J］. 上海电力大学学报，2020，36（4）：9.
［117］师国栋. 分组密码算法统一描述模型研究［D］. 郑州：解放军信息工程大学，2012.
［118］户保田. 基于深度神经网络的文本表示及其应用［D］. 哈尔滨：哈尔滨工业大学，2024.
［119］Matsui M. New structure of block ciphers with provable security against differential and lin-ear cryptanalysis［M］. Berlin: Springer-Verlag, 1996.
［120］冯登国，吴文玲. 分组密码的设计与分析［M］. 北京：清华大学出版社，2000.
［121］周同衡. DES——数据加密标准［J］. 计算机研究与发展，1985（1）：22.
［122］王静. IDEA 加密算法的研究与实现［J］. 今日科苑，2007（18）：1.
［123］周升力. RSA 密码算法的研究与改进实现［J］. 现代计算机，2008，（10）：4.
［124］李蒙福，苏凡军. 6 轮 Square 密码算法的中间相遇攻击［J］. 计算机技术与发展，2019，29（3）：5.
［125］刘涵，贺霖，李军. 深度学习进展及其在图像处理领域的应用［J］. 中兴通讯技术，2017，23（4）：36-40.

[126] 张建华. 基于深度学习的语音识别应用研究［D］. 北京：北京邮电大学，2015.

[127] 谭潞聃. 面向自然语言处理的深度学习模型优化研究［D］. 长沙：国防科技大学，2017.

[128] 鲍军威，周明，赵铁军. 基于序列到序列模型的文本到信息框生成的研究［J］. 智能计算机与应用，2019，9（3）：6.

[129] 张智君，沈昉. 计算机软件可使用性设计的发展、标准及支持原则［J］. 计算机工程与应用，2002，38（5）：89-91.

[130] 叶锋. Python 最新 Web 编程框架 Flask 研究［J］. 电脑编程技巧与维护，2015（15）：2.

[131] 廖泽泉，鲍正德，唐娅雯. 浅析 Vue 框架［J］. 计算机系统网络和电信，2019，1（2）：4.

[132] 刘子瑛. TENSORFLOW + PYTORCH 深度学习从算法到实战人工智能［M］. 北京：北京大学出版社，2019.

[133] 奈克. 软件测试与质量保证［M］. 北京：电子工业出版社，2013.

[134] 田帅，陈谊. 基于子空间聚类的高维数据可视分析方法综述［J］. 计算机工程与应用，2018，54（13）：19-26.

[135] 沈丹来. 安全通用型溯源系统的研究和应用［D］. 上海：上海师范大学，2016.

[136] 吴钰锋，刘泉，李方敏. 网络安全中的密码技术研究及其应用［J］. 真空电子技术，2004（6）：21-23，27.

[137] 王亚杰. 个人数据安全保护系统设计研究［D］. 成都：电子科技大学，2011.

[138] 陈靖雯，夏诗文，林勇. RSA 加密二维码在防伪溯源系统中的应用［J］. 宁波工程学院学报，2016，28（4）：31-36.

[139] 胡光永. 基于云计算的数据安全存储策略研究［J］. 计算机测量与控制，2011，19（10）：2539-2541.

［140］徐微，闫淑霞，张晨光.《哈希函数与消息认证》教学设计［J］. 考试周刊，2017（66）：37.

［141］陈园. 基于区块链的物联网网关的研究与实现［D］. 杭州：浙江工业大学，2020.

［142］耿文静，吴渝. 可视化技术及其在复杂网络上的研究与应用现状［J］. 数字通信，2012，39（4）：27-33.

［143］王灵茹. 中药化学成分靶蛋白富集生物通路网络交互式可视化处理［D］. 兰州：兰州大学，2016.

［144］沈佳棋，倪珊，王杰，等. 基于 Vue+SpringBoot 的分类学科竞赛管理系统设计［J］. 无线互联科技，2020，17（17）：74-77.

［145］肖慧娟，蒋寅."农家书屋"触摸一体式融媒体展示平台的开发［J］. 中国有线电视，2020，（5）：525-528.

［146］张楠. Python 语言及其应用领域研究［J］. 科技创新导报，2019，16（17）：122-123.

［147］李斌. 相似主题科研文献自动推荐系统研究［D］. 长沙：湖南师范大学，2019.

［148］孙伟伟. 图结构数据的可视化分析系统的设计与实现［D］. 南京：东南大学，2016.

［149］王辉，丁明君，杨进. 正则表达式在企业信息管理开发中的应用［C］//中国造船工程学会. 2010 年 MIS/S&A 学术交流会议论文集. 武汉：武汉第二船舶设计研究所，2010：4.

［150］张振扬. 微型机器人软件的研究与实现［D］. 武汉：湖北工业大学，2018.

［151］钱蕾. 基于 XML 的异构数据库相互转换的研究与实现［D］. 沈阳：沈阳理工大学，2010.

［152］张平，王志伟，李琦，等.《信息安全数学基础》课程教学实证研究［J］. 电脑知识与技术，2020，16（11）：202-203.